博弈的哲学

罗旭东　杨彧锋　伍桂花◎编著

中山大学出版社
SUN YAT-SEN UNIVERSITY PRESS

·广州·

图书在版编目（CIP）数据

博弈的哲学/罗旭东，杨彧锋，伍桂花编著．—广州：中山大学出版社，2014.12
ISBN 978 – 7 – 306 – 05063 – 2

Ⅰ．①博…　Ⅱ．①罗…　②杨…　③伍…　Ⅲ．①博弈论—研究　Ⅳ．①O225

中国版本图书馆 CIP 数据核字（2014）第 240809 号

出 版 人：徐　劲
策划编辑：陈文杰
责任编辑：蔡浩然
封面设计：曾　斌
责任校对：杨文泉
责任技编：何雅涛
出版发行：中山大学出版社
电　　话：编辑部 020 – 84111996，84113349，84111997，84110779
　　　　　发行部 020 – 84111998，84111981，84111160
地　　址：广州市新港西路 135 号
邮　　编：510275　　传真：020 – 84036565
网　　址：http：//www. zsup. com. cn　E-mail：zdcbs@ mail. sysu. edu. cn
印 刷 者：广州中大印刷有限公司
规　　格：787mm ×960mm　1/16　13 印张　265 千字
版次印次：2014 年 12 月第 1 版　2015 年 7 月第 2 次印刷
印　　数：1001—3000 册　　定　　价：39.90 元

内 容 提 要

本书介绍了博弈的基本理论、博弈的主要类型、博弈的基本策略与方法，并侧重于探讨博弈论的基本思想，或者说是博弈的基本哲学思想。这些思想往往是隐藏在深奥的数学公式之中，但书中只用了少量初等数学公式，通过通俗易懂的语言和例子阐述了博弈的基本哲学思想，以便读者能轻松地理解博弈论的丰富内容和许多生活哲理等内容。

本书援引资料新颖，体现理论性与实务性的统一；适合高等院校哲学、经济学、行政管理学等专业的学生做教材，对提高企业管理人员及政府公务员管理能力也有参考价值。

目　录

前　言

　　博弈论，英文名称为 Game theory，可直译为"游戏理论"。

　　说到游戏，大家也许第一反应是电子游戏，好像除了电子游戏就没别的了，其实不尽然。一般来说，只要是有人与人之间的互动，这个活动就可称为游戏；小到几个小伙伴一起打牌，大到军事战争、国际外交，其实都是一场又一场的游戏。在游戏中，为了获得自己想要的结果，人们会使用千奇百怪的策略，而且还考虑它们间的相互影响。博弈论就是研究选择相互影响策略的内在规律的，它把策略选择相互影响的内在规律提升到一个理论层次，从而得出普遍适合的结论，并试图对实际生活进行指导。

　　与其他博弈论教材和书籍相比，本书有以下一些特点：

　　第一，本书避免了繁琐的数学计算细节，用通俗易懂的语言直击博弈论所蕴含的哲学思想，让没有受过数学训练的人也可以读懂博弈论，理解各种博弈的基本思想。其实，对于有良好数学训练的人本书的写法对他们也是有益的，因为数学公式的技术细节对他们不是问题。本书能让这些数学家跳过数学细节，迅速地对博弈论获得一个初步但又系统完整的了解。如果有兴趣做形式化的研究，再去推敲数学细节也不迟。

　　第二，本书用大量实际例子阐释博弈论中的基本思想，讨论博弈哲学思想在日常生活之中的应用，读者可以从中学到许多生活哲理。实际上，有些例子是典型生活和工作场景，如同公式一般读者可直接套用去解决自己在生活和工作中的各种难题。

　　第三，我们所讨论的博弈论的哲学问题不仅仅局限于形式化的博弈论理论中，而是更加深入和广泛。日常生活和工作中并非所有问题都可以形式化、数学化，或者形式化、数学化后会更便于理解。所以，数学化的博弈理论有时就不能或不方便讨论一些日常生活和工作博弈的道理，但本书不圈于数学化的博弈理论，就能把这些道理更好地讲出来。

　　第四，针对各种日常生活中的社会问题进行广泛讨论，并且从各个角度

进行平衡反思和讨论解决方案。一个问题要从多个角度去纠结，这是典型的哲学思维，也是哲学思考的魅力所在。

十年前本人在英国与 Nick Jennings 院士一起工作时，他建议我研究博弈论。当时有一个梦想，就是挑战纳什均衡这一博弈论的基本概念，以便成就一项伟大的工作，没准也能混个诺贝尔奖。当我仔细看了一阵子博弈论的数学理论后，觉得要在数学理论上找到纳什的漏洞似乎没有可能。但本人是从事人工智能研究起家的，自然想到了纳什这一套理论是否能反映人类的所有相互行动。那么怎样考察这点呢？于是我转向观察和研究人们在日常生活中博弈的案例，试图找出纳什均衡所不能解释的现象。2011 年我来到中山大学，看了一些香港、台湾和大陆出版的用通俗语言来解释博弈论的书，发现自己这些年在海外对日常生活中博弈案例的积累、思考、观察和研究还是有些独到之处。于是本人在中山大学哲学系开设博弈论这门课，用通俗的语言向同学讲授起博弈论的基本思想。对于数学细节，学哲学的同学毕业后几乎都用不到。重要的是要让他们掌握博弈的基本思想，而这是要基于对大量日常生活和工作中博弈论知识的理解的，这样便于他们举一反三地应用于生活和工作中。于是我对博弈论的授课侧重于讲解其基本思想，这对哲学系学生是很合适的。2012 年和 2013 年教了两年课后，查了一下国内还没有一本叫博弈的哲学的书，于是就决定自己写一本书。

国外也有作者用日常生活的案例通俗地讲解博弈论，避免用数学公式。但他们用的案例是西方的案例，由于文化差异，理解起来有隔靴搔痒之感，也不便于我们应用到中国现实环境中。20 世纪 80 年代我在中国科学院跟陆汝铃院士读硕士时，对他写的一本人工智能教材印象很深。在他那本书之前，人工智能的教材不论是中国学者写的还是翻译外国学者的，举的例子没有什么中国元素，令人费解。而陆汝铃院士写的基本上都是用中国化的例子，理解起来很容易，印象也深刻。作者现在还能记得他书中有个王经理吃烤鸭的例子。陆院士的这本教材在国内影响很大，被广泛采用。作为学生的我自然在本教材也应当追随先生的风格，用中国的例子来阐述博弈论。

本书是在本人 2012 年和 2013 年为中山大学哲学系本科生开设博弈论课程授课内容的基础上发展而来的，得以出版要感谢许多学生的帮助。本人的研究生杨彧锋同学从头到尾负责对本书的排版、编辑、校订、修改和撰写了部分章节，伍桂花同学参与了本书的编辑，并修改和撰写了部分章节。他们的贡献值得作者的名分。中山大学哲学系还有多位同学帮助整理了本人的授课内容，并有所发挥。参与到初稿写作的同学有：第一章卢振东和黄繁，第二、三章黄子瑶和徐嘉玮，第四、五、六章钟正、张怀宇和王宏政，第七、八章付乔雅、苏兴池、王加振和覃骁哲，第九、十、十一、十二章伍素和黄殷雅。我对学生整理本人的授课内容的初稿逐字逐句修改了八遍，并增加了大量内容。另外，周小燕、詹宇航、张鑫秀、孙世浩和钟俏婷同学也帮忙将我的手稿输入计算机中。景晓鑫博士在本书写作初期参与了一些管理工作，博士生詹捷宇也参与了一些管理工作。

　　在此，我们要感谢中山大学重点建设教材项目和中山大学哲学系对本书出版的资助，感谢广东省教学质量与教学改革工程项目（精品教材）以及中山大学"百人计划"对本人的支持。当然，这些支持本质上都是领导的支持，故我们也应当衷心地感谢领导的支持。我们还要感谢中山大学出版社的徐劲、蔡浩然、陈文杰对我们的耐心指导、帮助以及对本书的文字的润色和校订。

　　由于我们水平有限，时间亦有限，尽管尽了最大努力，书中恐怕还有错误和不足之处，因此恳请读者和同行批评斧正（可电邮到：luoxd3 @ mail. sysu. edu. cn）。

罗旭东教授

2014 年 9 月于中山大学

第 1 章

导论

在这一章里，我们将先用一定的篇幅来对博弈论及其研究的主要问题做一个尽可能简短而准确的描述，之后将以诺贝尔经济学奖为缩影，通过历次获奖的博弈论的大师们研究的内容和主要思想来介绍博弈论的基本内容和这二三十年间所取得的进展。本章并不奢望能详细全面地讲述每位大师花费数十年研究所做出的成果，只是希望用尽可能少的篇幅来准确地向读者传达和展现大师们思想之精华所在。

1.1　博弈论简介

博弈论（Game Theory），又称为"对策论"或"赛局理论"，最早是研究博弈者在平等的对局中各自根据对方的策略来决定自己的策略，以达到自身利益最大的目的。英文单词 game 可翻译成"游戏"，但很少有中国人将 game theory 译成"游戏理论"，因为我们中国人都比较严肃，把做学问视为苦修，而不是当作娱乐。实际上，做学问应当是一种享受，看成玩游戏又有何不妥？世界上许多大科学家都视作学问为一种享受，像许多普通人上网、享用美食一样。本书第一作者在英国南安普顿大学与英国皇家工程院院士 Nick Jenning 一起工作期间，发现每到要向顶级学术会议投文章时，大量的博士生和博士后的文章需要他来改，工作十分繁忙。但大家都看得出来，那时他的眼睛比平常亮了许多。实际上他十分享受这样繁忙的工作，没有文章改时他倒会难受。若认为做学问不是享受，能做出诺贝尔奖级别的工作吗？中国诺贝尔文学奖获得者莫言小时候在贫穷山区农村时，谁能给他一本书看，他愿意替人干苦活。显然读书对莫言而言是种莫大的享受，故最终能获得诺贝尔奖。

博弈中的博弈者是经济学意义上自私自利的个体。随着博弈论的不断发展，近年来博弈论在经济学、政治学、军事战略、国际关系、生物学、计算机科学和其他学科都有广泛的应用。诺贝尔经济学奖得主罗伯特·奥曼曾将博弈论解释为互动的决策论。没有人能像奥曼教授这样简短准确地描述博弈论了。的确，这个解释包含了博弈论最重要的两点：决策和互动。究其根本，博弈论是一门教人如何做决策的理论，而博弈论与你早上醒来之后是决定要马上起床还是再多赖床一会这件事情的不同之处就在于其互动性。因此，在博弈论中有至少两个博弈者，并且他们之间所选择的策略会相互影响。一个博弈者在决策时必须考虑到对方的反应。每个博弈者的行为，对对方的利益影响很大，每个博弈者的利益又受到对方行为的很大影响。这种相互影响的决策，固然是博弈者之间的斗智斗勇，但其中也有适应性很广的规律。所以，博弈论就是研究、分析和探讨人们在相互作用下如何理性决策规律的学问。

博弈主要可分为合作博弈和非合作博弈两个大类。合作博弈研究的是如何分配合作得到的收益，即利益分配问题。合作博弈强调的是个体对团队的贡献，而据此来对团队

所获得利益进行公平公正的分配。而非合作博弈考虑的不是对团队合作所获得利益进行分配，它考虑的是对非合作博弈者如何选择他的策略以追求自身利益的最大化，而不考虑别人的利益。这走到极端情形，更是拔一毛而利天下也不为之。一代奸雄曹操所说"宁可天下人负我，我决不负天下人"，也是这种极端自私自利的行为。因此，简单来讲，非合作博弈主要研究的是自私自利的博弈者如何在相应影响下进行策略选择的问题。非合作博弈在现实中极其普遍，特别是在涉及经济利益时，因此其理论研究十分兴盛。

非合作博弈论从行为的时间序列上可进一步分为静态博弈和动态博弈两类。在静态博弈中，博弈者同时选择策略或虽非同时选择策略但后行动者并不知道先行动者采取了什么具体行动策略。在动态博弈中，博弈者的行动有先后顺序，而且后行动者能观察到先行动者所选的行动策略。按照博弈者对其他博弈者的了解程度可分为完全信息博弈和不完全信息博弈。完全信息博弈是指在博弈过程中，每一位博弈者对其他博弈者的相关信息，即可能采取的策略与收益函数等（前者指可供博弈者选择的策略集合，后者指决定博弈者采取各种策略的好坏得失的评估值），有完全的了解。不完全信息博弈是指博弈者对其他博弈者的策略集合及收益函数了解得不够准确或者不是对所有博弈者的这些相关信息都有准确无误的了解，在这种情况下进行的博弈就是不完全信息博弈。故非合作博弈可分为四种：完全信息静态博弈、完全信息动态博弈、不完全信息静态博弈和不完全信息动态博弈，如图 1.1 所示。

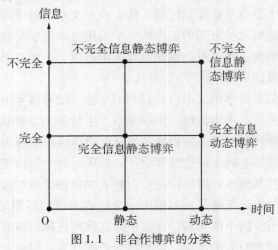

图 1.1　非合作博弈的分类

1.2　四种博弈类型具体举例

1.2.1　囚徒困境——完全信息静态博弈

完全信息静态博弈最经典的例子就是囚徒困境。而要说囚徒困境又不得不先说纳什均衡。纳什均衡是由博弈论大师约翰·纳什（John Nash）提出的一种完全信息静态博弈下的非合作博弈均衡的概念。作为基本均衡概念的纳什均衡是指，在其他博弈者的策略选定的前提下，每个博弈者都会选择自己的最优策略；若所有博弈者所选择的策略都是彼此最优的，则这些最优策略的组合就是纳什均衡。通俗地说，纳什均衡的含义就是：在给定你的策略的情况下，我所选择的策略是最好的；同样，在给定我的策略的情况下，你所选择的策略也是最好的。所以各方在给定其他人的策略下都不愿意调整自己的策略，也就是说达到了一种平衡状态。换句话说，在纳什均衡中，每一个理性的博弈者都不会有单独改变策略的冲动，因为单独改变策略不会带来任何好处，所以说纳什均衡是一种稳定的博弈结果。

因徒困境，作为博弈论中最为经典的博弈模型，以一种独特的方式给我们展现了博弈论纠结的魅力，亦可更好地帮助我们理解博弈论和纳什均衡。因徒困境讲的是这样的一个情景：一个案子的两个嫌疑犯被分开单独审讯，警官分别告诉两个囚犯，如果两人均不招供，将各被判刑 1 年；如果一方招供，而对方不招供，则招供者会被转判为只需坐 3 个月牢，而对方将被重判 10 年；如果两人均招供，将均被判刑 5 年。于是，两人同时陷入招供还是不招供的纠结之中。也就是说，这个博弈的支付矩阵如图 1.2 所示。

B

A		坦白	抵赖
	坦白	-5, -5	-1/4, -10
	抵赖	-10, -1/4	-1, -1

图 1.2　囚徒困境博弈

对因徒 A 来说，如果因徒 B 选择"坦白"，那么"坦白"对他也是更好的选择，这样他只用被判刑 5 年，而如果他选择"抵赖"就要被判刑 10 年；如果 B 选择"抵赖"，那么同样"坦白"对他是更好的选择，这样他会被判刑 3 个月（1/4 年），而如果他选择"抵赖"会被判刑 1 年。因此，无论 B 选什么，A 选择"坦白"总是最优的。显然，B 也是这样想的：选择"坦白"总是最优的。两个因犯从最符合自己利益的角度出发都会选择"坦白"，而原本对双方都有利的策略——都选择"抵赖"从而均被判刑 1 年就不会出现，即双方一致希望看到的结果却不会出现在各方都选择比较糟糕的"坦白"策略的时候。这样，双方都选择"坦白"这个策略组合就是这个博弈的纳什均衡，因为双方都没有动机单独改变自己的选择。

因徒困境实际上反映了一个深刻的哲学问题：个人利益与集体利益的矛盾。个体为了自己利益的最大化，而不愿意改变策略，导致整体利益最小，从而最终导致自己利益的最小化。也就是从追求自身利益最大化出发，结果得到的却是自身利益的最小化；追求的自身利益最小化，得到的却是自身利益最大化。我国公安人员审问疑犯时，经常告

诉他们"坦白从宽、抗拒从严",十分有效。但对一些时常去法院的"院士"级疑犯却不十分有效,因为他们已有"坦白从宽、牢底坐穿;抗拒从严、回家过年"的默契,已经是"院士"了,自然明白囚徒困境的哲学思考。苹果公司也十分明白这一道理,故其产品,如iPhone,在全球都确定为一个价(区别只在于各个国家和地区的关税、消费税不一样)。其实苹果公司这种统一价格的策略也非100%有效。本书第一作者作为苹果公司电子产品的爱好者在新加坡发现每间商店里售卖的苹果产品价格都一样,但赠品却不一样。这实际上是一种变相降价,只不过苹果公司没损失。苹果公司很聪明,这些商店也很聪明。苹果公司电子产品的爱好者肯定是十分佩服苹果公司的聪明,但更喜欢这些商店的聪明。

囚徒困境是美国著名的兰德公司博弈论专家梅丽·尔弗勒德(Metrill Flood)、梅尔文·德雷希尔(MelwinDesher)和公司顾问艾德特·塔克(Albert Tacket)设计的,囚徒困境模型可以用来描述生活中很多的现象。其中最为常见的就是"价格大战"了,假定有两家相互竞争的企业,他们卖同样的商品,并且服务、售后等都一样,唯一影响他们收益的就是商品的价格,如果两家企业都采取高价策略,他们能各得10万元的利润;如果都采取比较低的策略,各得5万元的利润,如果一方采取较高的价格而另一方采取较低的价格,因为消费者更倾向于买较低价格企业的产品,采取价格高的企业将不获利,而采取低价的企业将获利20万元。这时,究竟采取高价策略还是低价策略,这是双方面临的博弈。很容易得出,低价都是他们的最优策略,所以双方价格大战的后果就是两败俱伤,采取低价策略后各赚5万元。"价格大战"的例子与上面的囚徒困境处于相同的境况,双方为了自己的利益最大化做出的选择,最后反而导致了两方都无法获得最大的利益。现实生活中的"价格大战"远比上面例子中的要惨烈,比如两个家电商甲和乙出售同样的产品一种冰箱,可能进价是500元,刚开始两边都以1000元的价格出售,当甲发现降价可以卖出更多的冰箱,从而使利润更大,于是他便以900元的价格出售这种冰箱,那乙当然不愿意了,于是便以更低的价格800元出售,这样下去,两边最后都将以500元的成本价来出售,结果就是两败俱伤。当然这样的结果对消费者可能是有利的,但是对商家而言是灾难性的。

那么,有没有一种解决办法可以避免这种价格大战呢?答案是肯定的,最好的办法就是合作,双方联手实行比较高的价格,比如1000元,那双方都可以因为避免价格大战而获得较高的利润,从而实现双赢的结果。但是这里需要注意的是,这种合作是非常不可靠的,因为合作的双方都是只为自己利益考虑的主体,只是因为利益走到了一起,但偷偷违反协议降低价格反而会获得更大的利益,这就促使了双方都往低价策略倾斜。所以说,这种价格联盟本身就提供了瓦解价格联盟的激励。这里有一个切实可行的办法,那就是建立一种奖惩机制,惩罚那些偷偷违反协议的成员,这样各个博弈者都没有破坏协议的动机,因为破坏协议所需要付出的代价可能远大于其带来的收益。

现实生活中商家们常常采用的办法就是实行"最低价承诺"。所谓的"最低价承诺"就是商家向消费者承诺他们所卖的商品绝对是同类商品最低价的,如果顾客发现别的地方有比他们更低的价格,他们愿意双倍返回差价。同样以上面的冰箱为例,双方虽不能商定好要以1000元的价格来出售这种冰箱,但如果甲想偷偷降价到900元,乙却不知还是维持原价,这时由于实行了"最低价承诺",在乙处购买冰箱的消费者发现甲出售的更便宜,找到商家乙要求赔偿,那么乙会赔偿双倍差价,也就是200元,这样实际上商家乙出售冰箱的价格是800元,价钱更低。结果选择偷偷降价的商家甲反而变成了博弈中不利的一方,这样甲在想要偷偷降价的时候就会考虑到这种后果,从而选择不降价。"最低价承诺"实质上是一种威胁策略,就是威胁如果对方选择降价,本方将会以更低的价格"报复"。这样就能避免两败俱伤。

在写这本书的初稿时,刚好发生了这样一件事情,教育部刚刚出台了《小学生减负十项规定》,希望能减轻小学生的学习负担。其实用博弈论的角度来看这个问题,教育部这样规定是徒劳无用的,因为即使学校不再强制要求学生补课和做作业,但是众位家长仍然会私下让自己的孩子去上补习班,多学习。为什么呢?用囚徒困境可以很好地解释这个问题,每位家长都有两个策略,让孩子尽情地玩和让孩子更多地学习。对于每位家长来说,如果别人的孩子在玩,那么让自己的孩子多学习是更好的策略,因为这样自己的孩子可以取得更好的成绩,将来可以考到更好的学校,毕业后有更好的机会找到更好的工作,以能创造更好的未来。而如果别人的孩子都在学习,让自己的孩子学习还是更好的策略,因为如果不这样做,自己的孩子就会被落下,在竞争中处于不利的地位。所以这样看来,不管别家的孩子怎么选择,让自己的孩子多学习始终都是最好的选择。这个博弈唯一的纳什均衡就是大家都多学习,同囚徒困境模型相似,博弈达到均衡时每人所获得的收益都比某个非均衡状态时小。唯一不同的是这个博弈是多人博弈,而囚徒困境是两人博弈。其实理想的情况是:所有的孩子拥有同样的学习时间,大家能考出什么样的成绩全凭天赋,而不是靠比拼学习时间。勤能补拙只有在别人不勤奋的情况下才有道理。其实,家长逼迫孩子们都拼命地学习和家长不逼迫孩子们拼命学习对于同一个竞争群体来说,孩子们的相对成绩是一样的。孩子们都拼命学习时,拼命学习是不会增加自己的相对竞争力的。不但如此,强迫孩子们拼命学习不仅扼杀了孩子对学习本身的兴趣,还助长了孩子们对学习的憎恨,孩子长大后只会害怕学习,而不会主动学习、热爱学习。毕竟学习是一生的事,而不只是在学校这一段时间。

在英国,许多华人家长将中国那一套也搬了过去,逼迫孩子学这学那,都不给孩子玩的时间。表面上看好像孩子比非华裔同龄孩子优秀,自己脸上有光,但这其实对孩子的长期成长并无益处。就拿学钢琴为例,有些家长不仅逼孩子一周练许多小时的钢琴,而且琴有一点弹错了就大骂孩子。结果只能导致孩子视弹钢琴为极不愉快的经历,等考过业余最高级后,家长无理由再逼孩子时,许多孩子看都不愿多看钢琴一眼,更不要想

让其自觉练钢琴。这也是为什么很少有华人小孩成为大师。英籍著名华裔小提琴家陈美也因无法忍受其母亲对她练琴的逼迫，在 21 岁生日前夕大反抗，宣布解除母亲的经理人职务，之后母女关系断绝，不再来往。这样逼成的大师有意思吗？

公共财产的悲剧也是囚徒困境。例如渔业，公海中的鱼是公共的，大家都可以捕，而在若自己不滥捕其他人也会滥捕的思想下，渔民会没有节制地大捞特捞，赚快钱，最终导致海洋生态破坏，渔民的生计也因此受影响。又例如，开放的牧场供牧民进行放牧，但放牧必须是有一定的限度，因为对牧草过度破坏会阻碍到其再生长能力。但牧民的心态是，如果所有人都有节制地放牧，那么本人稍微过度一点不会对整个牧场造成太大的影响，而如果所有人都过度放牧，那么本人过度放牧也无所谓了。于是牧民为了短期利益没有节制地放牧，公共草场很快就遭到了破坏。当今，中国的环境污染特别是空气污染的原因也是类似的。

1.2.2　海盗分金——完全信息动态博弈

完全信息动态博弈与上面讲到的完全信息静态博弈不同之处在于博弈者的行动有先后的顺序。需要特别指出的是，这里的"行动有先后顺序"并不是仅仅是指博弈者采取行动的时间不同，而且还应包含后一个博弈者在选择其行动策略时已经明确观察到了前一个博弈者所做的选择，于是会根据前者的决策来选择自己的最佳行动策略。现实中完全信息动态博弈更普遍，比如上面提到的"价格大战"，现实生活中的"价格大战"一方会根据对方的价格不断调整自己的价格，双方进行的是一个动态的博弈。但一方能清楚地知道对方所做的决策和采取的行动，因而它又是完全信息下的博弈，这时他们之间的博弈就是完全信息动态博弈。

我们来看一道传说中的微软招聘面试题"海盗分金"。这是一个很有趣的例子，这里简单地说一下。假定船上有 5 个海盗，可将其分别标记为 1、2、3、4、5 号，要分配抢来的 100 枚金币，他们决定用投票来决定如何分配这 100 枚金币。分配规则如下：先由 1 号提出分配方案，然后由其余的海盗每人一票投票表决。如果有一半或以上的海盗同意这个方案，那么，就依该方案分配，如果少于一半海盗同意，那么，就将这个提出分配方案的海盗丢到海里喂鲨鱼，然后由 2 号提出分配方案，依次类推。这里我们要先作一些说明：

（1）一枚金币是不可分割的。

（2）每个海盗事先都清楚地知道自己是几号。

（3）每个海盗都希望分到尽可能多的金币，但绝不希望因此而被丢到海里喂鱼。

（4）每个海盗在不损害自己利益的情况下都乐于看到别人被丢到海里。

（5）每个海盗都有超强的推理能力，但海盗间不存在事先约好的合作。

那么这个博弈中最后的结果会是怎样的呢？我们可以从后往前推：

（1）5 号会这样考虑，如果 1 到 3 号都被丢到海里喂鲨鱼了，就轮到 4 号和 5 号来提分钱方案；不管 4 号提出何种分配方案，我 5 号一定会投反对票，让 4 号喂鱼，这样我 5 号就可以独吞全部金币。

（2）4 号也想到了这一点，所以为了保命，不管 3 号提出什么分配方案，4 号都会支持。

（3）3 号也知道这一点，就会提出（100，0，0）的分配方案，因为他知道即使 4 号一枚金币也拿不到也会投赞成票，让他的方案通过，否则 4 号就会被丢海里喂鱼。既然如此，自己当然应该独拿 100 枚金币。

（4）2 号也会想到了如果自己被丢到海里喂鱼，3 号会这么分配，所以 2 号会提出（98，0，1，1）的分配方案，即放弃 3 号的那一票，给予 4 号和 5 号各一枚金币以获得他们的支持以免被丢到海里，因为该方案对 4 号和 5 号来说比 3 号提出的方案更为有利，所以 4 号和 5 号将会支持 2 号，不希望 2 号出局而由 3 号来分配，这样 2 号将得到 98 枚金币。

（5）同样，1 号也会想到如果自己被丢到海里喂鱼，2 号会按以上方案分配，于是 1 号将会提出（97，0，1，2，0）或（97，0，1，0，2）。即放弃 2 号的一票，给 3 号一枚金币以获得他的支持，给 4 号或 5 号 2 枚金币，以获得他们中一个的支持。因为对于 3 号和得到 2 枚金币的那个海盗来说，1 号提出的方案相比于 2 号的方案对他们更为有利，所以他们将会支持 1 号。这样 1 号就可以获得 2 票赞成，自己拿到 97 枚金币。这是 1 号能获得最大利益的分配方案。

所以，答案是：1 号自己独得 97 枚金币，分给 3 号 1 枚金币，分给 4 号或 5 号 2 枚金币。虽然以上的逻辑推理完美无缺，但如果这个故事发生在现实生活中会怎样的呢？不难想象，若 1 号海盗提出上述方法来分配抢来的金币，马上就激怒众海盗，认为他太不够义气，直接就将其丢进海里喂鱼了。在现实生活中，人们并非完全理性，也不可能个个那么聪明，海盗们也难例外。所以说，他们觉得：金币是一起抢到的，基于公平性原则，理应大家平分。如果 1 号海盗把按照原来的规则分金币的逻辑推理告诉其他海盗，同时告诉他们不这样分的后果，即最后一个海盗将得到所有金币，其他人都会被丢进海里，这样的话或许也有可能按（97，0，1，2）的方案分配。不过当其他海盗明白按照原来的分金币的规则去做会导致这样的后果，我想海盗们一定会反对原来的分金币的规则，并制定另一个公平的分金币规则。

"海盗分金"这个例子中用到了一种很重要的思想就是"倒推法"。如果我们直接从第一步入手，我们很容易因这样的问题而陷入思维僵局："如果我这么分配，下一个海盗会怎么做呢？倒推法告诉我们要从最后的情形出发向前推，这样我们就可以知道在最后这一步中做出什么选择对自己才是最有利的。"

其实，倒推法对人生的博弈也有帮助。比如在中山大学，如果某博士想在毕业后从

一个一无所有的学子成为年轻的正教授，学校规定要在 SCI 顶级刊物上至少发表 3 篇论文。导师就会告诉他，要发表这样的论文，每篇至少要花 3000～4000 个小时工作。博士一共读 5 年，发表 3 篇这样的文章一共得用 9000～12000 个小时，然后每年、每周要工作多少个小时就能算出来，平时要不要玩电子游戏或去干些别的没出息的事也能算出来。当然，人不是机器，是需要花时间来生活和娱乐的，同学们也不应为了当年轻正教授而在 5 年时间天天拼命工作。上帝在《圣经》中讲，如果你丢失了生命，即使赢得了整个世界也无意义，再多钱也买不回生命。苹果公司老总乔布斯几十年来没日没夜工作，结果患癌症到死时才明白，就算将市值 5000 亿美元的苹果公司卖了也换不回生命。

1.2.3 爱还是不爱——不完全信息静态博弈

不完全信息静态博弈，是指一个博弈者不完全了解另一个博弈者的真实类型，仅仅知晓对方为某种类型的可能性有多大，以及每种类型的收益是多少。

今日大学生活，许多同学都认为，要么做一个"学霸"，要么美美地谈一场恋爱。当然两者都有便是最佳的啦！否则，大学四年的光阴便是虚度了；初恋听说是人生中很美好的时刻，当然要慎重。那么当一个男生向一个心仪的女生求交往时，接受还是不接受这个男生的求爱，对这个女生来说便是一个大问题。还没有多少交往，如何知道他是一个好人或者坏人呢？高富帅只是表面的东西，英国有一个谚语说，不能通过香肠的皮肤来判断香肠的好坏，遇到性格很差的高富帅就麻烦大了。

现在来看看博弈论能不能帮上点忙。图 1.3 和图 1.4 分别表示求爱的男生分别是优质男和劣质男时男女双方的收益矩阵。这里我们假设，男生十分中意这个女生，认为她是心中的女神，若女神肯接受其求爱，他将是 100% 的满意。但女生却不是这样，她的满意程度取决于男生的类型。女神如果接受了优质男的求爱，当然是 100% 的满意，如果接受了劣质男的求爱，则是 100% 的不满意了。而对于男生而言，如果被女神拒绝了，那便是辗转反侧，夜不能眠，不仅仅是丢了面子那么简单的事，所以我们假设男生持 50% 的不满意是合理的。

<table>
<tr><td></td><td colspan="3" align="center">女神</td></tr>
<tr><td></td><td></td><td align="center">接受</td><td align="center">拒绝</td></tr>
<tr><td rowspan="2">优质男</td><td>求爱</td><td>100%, 100%</td><td>−50%, 0%</td></tr>
<tr><td>不求爱</td><td>0%, 0%</td><td>0%, 0%</td></tr>
</table>

图 1.3　优质男和女神的求爱博弈

<table>
<tr><td></td><td colspan="3" align="center">女神</td></tr>
<tr><td></td><td></td><td align="center">接受</td><td align="center">拒绝</td></tr>
<tr><td rowspan="2">劣质男</td><td>求爱</td><td>100%, −100%</td><td>−50%, 0%</td></tr>
<tr><td>不求爱</td><td>0%, 0%</td><td>0%, 0%</td></tr>
</table>

图 1.4　劣质男和女神的求爱博弈

对于女神来说，还没有和示爱的男生交往，因而并不知道这个男生是优质男还是劣质男，所以我们可以假设该男生为优质男的可能性为 x，那么女生接受这个男生求爱后所得的满意度的期望是：

$$100\% \times x + (-100\%) \times (1-x)$$

化简后得：

$$100\% \times (2x-1)$$

如果这个满意度的期望大于拒绝这个男生所得到的满意度期望 0%，女生就应当接受这个男生的求爱，先与之交往一段时间，此时有：

$$100\% \times (2x-1) > 0\%$$

化简后得：

$$x > 1/2$$

也就是说，当这个女生大致判断这个男生是优质男的可能大于 50% 时，她应当接受这个男生的求爱；否则就应拒绝，或者先和这个男生做普通朋友，多了解这个男生再进行判断。

当然，一般女生在运用我们这里的方法时，也要注意判断自己是不是女神？对方真的对自己 100% 满意吗？自己还有其他选择吗？另外，这个男生有很大的可能既不是优质男也不是劣质男（为简单起见以上例子只考虑了前两种情况），而只是普普通通的男生。

1.2.4 黔驴技穷——不完全信息动态博弈

一个不完全信息动态博弈的例子就是黔驴技穷这个故事。这个故事说的是，很久很久以前有一只老虎，它从来没有见过驴子，因而不知道驴子强还是自己强。老虎想：如果惹不起的话，应该躲得起；如果自己强大而驴子弱小的话，就吃了那头驴。由于从来没有见过驴子，老虎并不了解它。于是老虎就通过不断试探来增加自己对驴子的了解。如果驴子对自己的挑衅的回应并不厉害，那么驴子是美味食材的可能就比较大。初次试探驴子后，它并没有什么激烈反应，不像强敌，于是乎老虎的胆子越来越大。后来驴子突然大叫起来，老虎吓了一大跳，以为驴子要吃它，立马逃走。但后来发现驴子并未追来，又觉得驴子未必能吃自己，于是继续试探，直到被驴子狠狠地踢了老虎一脚，老虎才发现驴子也不过如此。于是采取自己当时的最优行动—把驴子作为美食大快朵颐。

另一个比较常见的不完全信息动态博弈的例子是现实中劳动与市场的关系。比如在招聘时，应聘者总是显示自己最好的一面，因为招聘者并不能掌握完全的信息，这也能很好地解释为什么招聘单位总是看重学历，因为学历容易识别，而能力和情商等因素不容易识别，并且学历高、毕业于名校，一般都意味着应聘者聪明能干，否则怎么能在高考中脱颖而出。

1.3　博弈论的基本思想

用一句话概括博弈论的基本思想就是：博弈的结果是双方或多方互动的结果。下面这几个例子都能很好地说明这点。

1.3.1　军功章各有一半

传说中有这样一个故事：一次，美国总统克林顿与妻子希拉里一起出去游玩，经过一个加油站时，希拉里调侃道："看，那个加油工人就是我的初恋情人。"克林顿回应道："你应该很庆幸没有跟着他，要不然你现在就不是总统夫人了。"而希拉里的回答更有趣："该庆幸的是你，因为如果我当初选择他，那么现在美国总统就不是你了。"这个例子就很有趣地反映了博弈论的思想互动，究竟是因为总统才有总统夫人还是因为有了总统夫人才有总统？如果克林顿婆了一个在家里好吃懒做、一天到晚脾气暴躁的妇人，他有多大可能成为总统？如果希拉里嫁一个愚蠢懒散的男人，又有多大可能成为总统夫人？这正是"军功章里有你的一半也有我的一半"。阿里巴巴总裁马云还说过类似的例子，大意是：一捆草丢在路边上是垃圾，但若用它来捆菜，卖的是菜的价格；若用它来捆大闸蟹，卖的就是大闸蟹的价格。

据说古希腊伟大的哲学家苏格拉底也有一位脾气暴躁的老婆。一天一个朋友来看他，他刚为朋友开门，朋友就听到他老婆在屋子里"河东狮吼"。苏格拉底在门口与朋友还未聊上几句，一盆水便从楼上倒了下来，把两人浇成落汤鸡。但苏格拉底很哲学地对朋友来了一句话："你知道打雷后，总要下雨的。"据说正是这样一名老婆让苏格拉底在家里得不到任何尊重，于是他拼命做学问以求在世人面前找回更多的尊重。这就是他之所以成为大哲学家的原因。虽然惨了点，但也算是一种互动的结果。

1.3.2　教学相长

在大学里，导师选博士生、博士生选导师也同样的道理。同样水平的学生，跟了一个好导师或者一个差导师，其成就和前途肯定不一样。类似地，导师选择了不一样的学生，几年下来情况也会大不一样。坏学生可能搞得老师狼狈不堪，好学生会让老师更上一层楼，甚至当上了院士。一些坏学生乱抄袭，还署上导师名，结果让老师永远不可能当上院士，甚至让院士老师一世英名毁于一旦。一些学生虽不会乱抄，却会自作聪明，想得太多，老师无法教进去；或者太笨，怎么教都教不会。最后都一样，导致老师的时间、精力和心血付诸东流。还有更可怕的是，有些学生会向导师提出一些过分的要求，导师不答应他或者做不到，他就会欺师灭祖地跟导师对着干。中科院院士、复旦大学附属眼耳鼻喉科医院王正敏教授被他的学生举报抄袭就是很好的例子。所以，有不少导师提出"防火、防盗、防学生"的口号。

本书第一作者在香港中文大学做博士后时曾看到一些教授在内地招生，不要中科大少年班的学生，却要普通大学的优秀学生。细问后才知道，原来在面试时，那些中科大少年班的学生觉得自己很聪明，认为教授提出的问题很愚蠢，这样骄傲自大的学生招进来能教得进去吗？一个学生骄傲自满，就如同装满水的杯子，老师想再往杯子倒进多一点水是没有可能的。相反，普通大学的考生由于出身贫寒，比较谦虚，不会认为老师提出的问题很蠢，却会努力去想法解决问题。这样的学生才是可教的，与这样的学生合作才会出成果。其实，在海外，如果学生不是顶级天才，一般都与导师的差距十分巨大，眼光和技巧远不在同一水平线上。如今随着许多海归学者的增加，国内的情况逐渐与国外情况类似。其实，老师的专业知识、眼光和技巧远高于学生，若学生自以为是，听不进导师的教导，老师与这样的学生在一起不会产生"教学相长"的结果。

1.3.3　真的一起死

还有一个稍稍要费些脑子的例子。网上盛传，一对热恋的情侣落入一个杀人狂手里，不仅双双面临惨死，还被戏弄。杀人狂让两人玩剪刀石头布猜拳游戏。赢者释放，输者处死，如果两人出招一样就都得死。这对小情侣好痛苦，商量好了，都出石头一起死算了。可最后结果却是女生死了，男生活了下来。因为男生出了剪刀，女孩出了布。为什么会这样呢？这里有四种不同的解释：①男生很爱女生而女生自私；②女生很爱男生而男生自私；③他们互相爱对方；④他们都是自私的。什么叫爱？爱就是不谋私利，专门为对方好，所以就是为了让对方活下去而愿意自己去死。而自私是指希望自己能活下去。

（1）解释①似乎很容易理解，男生很爱女生，希望自己出剪刀输给对方的石头；而女生自私地想出布赢掉对方的石头。

（2）解释②女生很爱男生，她会想到要出剪刀输给男生，但同时她又想到了男生也会这样想（因为她觉得男生也是爱她的），这样结果就是两人都出剪刀而都要死。女生不希望这样，所以她出了布想输给男生。而男生是怎么想的呢？男生自私地想自己活下来，于是他想出布赢掉对方的石头，但是同时他也想到了女生也会出布（因为他觉得女生也是自私的），这样他就出了剪刀，想赢女生的布。

（3）解释③可以这样理解，两人彼此深爱，于是都想输给对方，让对方活下去。男生的想法很简单，他想出剪刀输给对方；而女生就想得多了一些，她猜到了男生会出剪刀，于是出了布。

（4）那么，解释④呢？两个人都是自私的，女生的想法很简单，想要出布赢掉对方的石头；而男生多想了一些，他猜到了对方会出布，于是出了剪刀。

这样同样的一个问题，经过理性的分析出现了4种完全不同的可能。这也能很好地说明：博弈的结果是双方互动的结果。

1.4　博弈论与诺贝尔经济学奖

自1994年以来，共有6届诺贝尔经济学奖与博弈论研究有关。

（1）1994年诺贝尔经济学奖授予三位博弈论专家：约翰·福布斯·纳什（John Forbes Nash）、约翰·海萨尼（John C. Harsanyi）和莱茵哈德·泽尔腾（Reinhard Selten），以表彰这三位在非合作博弈的均衡分析理论方面所作出的开创性的贡献以及对经济学所产生的深远影响。

（2）1996年度诺贝尔经济学奖再次授予了博弈论专家詹姆斯·莫里斯（James A. Mirrlees）和威廉·维克瑞（William Vickrey）。莫里斯的主要贡献是不对称信息条件下的经济激励理论。维克瑞在信息经济学、激励理论、博弈论等多方面都作出了重大贡献。

（3）2001年度诺贝尔经济学奖授予了乔治·阿克尔洛夫（George A. Akerlof）、迈克尔·斯宾塞（A. Michael Spence）和约瑟夫·尤金·斯蒂格利茨（Joseph Eugene Stiglitz）。他们的研究奠定了不对称信息市场的一般理论的基石，他们的理论迅速得到从传统的农业市场到现代的金融市场的广泛应用，随后形成了现代信息经济学的核心部分。

（4）2005年度诺贝尔经济学奖授予了两位博弈论专家罗伯特·奥曼（Robert Aumann）和托马斯·谢林（Thomas C. Schelling），他们研究了怎样通过博弈论分析来促进了对冲突与合作的理解。

（5）2007年度诺贝尔经济学奖授予了莱昂尼德·赫维奇（Leonid Hurwicz）、埃克里·马斯金（Eric S. Maskin）和罗杰·梅尔森（Roger B. Myerson），他们为机制设计理论奠定了基础。

（6）2012年的诺贝尔经济学奖再次光顾了博弈论领域，埃尔文·罗斯（Alvin E. Roth）与罗伊德·夏普利（Lloyd S. Shapley）因他们在稳定配置理论与市场设计实践方面所作出的贡献而获得此奖。他们的工作虽是独立完成，但罗斯的研究可以说是夏普利理论研究的实践。夏普利的主要贡献在于找到了一个很好的配对算法，使得在市场的配对问题中博弈者通过该方法能得到一个稳定的配对。而罗斯则是运用改进后的配对算法来设计现有的市场制度，比如实现学生与学校、医生与医院、器官捐赠者与病人的合理配对。

在近20年间，博弈论获得了如此大的认可，也从侧面显现了博弈论已经是一门发展完善的科学并且对其他学科产生了巨大的影响力。

1.5 博弈论的大师和发展简史

现代博弈论主要是由冯·诺依曼（Von Neumann）所创立，他被称作是第一位博弈论大师。这位天才数学家早在 20 世纪初已经开始研究博弈的精确的数学表达，1944 年他与奥斯卡·摩根斯坦恩（Oskar Morgenstem）合著的巨作《博弈论与经济行为》出版，标志着现代系统博弈理论的初步形成。书中主要提出了合作型博弈模型和其解的概念以及分析方法。合作型博弈在 20 世纪 50 年代达到了顶峰，然而这种博弈论的局限性也日益暴露出来，它太过于抽象，应用范围受到很大限制，在很长时间里，人们对博弈论知之甚少，影响力很有限。

就在合作型博弈的发展遇到困难的时候，非合作博弈应运而生，它标志着博弈论新时代的开始。这都要归功于麻省理工学院、普林斯顿大学教授约翰·纳什。纳什 18 岁时发表第一篇关于讨价还价博弈的论文，22 岁时取得普林斯顿大学数学博士学位。他对博弈论的发展作出了划时代的贡献，是继冯·诺依曼之后最伟大的博弈论大师之一。纳什 22 岁发表的开创性仅一页篇幅的论文《n 人博弈的均衡点》（1950）和《非合作博弈》（1951）给出了纳什均衡的概念和均衡存在定理，因此而获得诺贝尔经济学奖。纳什均衡的概念在非合作博弈中起着核心作用，后来的研究者对博弈论的贡献都是建立在这一基础上。而且纳什均衡的提出和发展，为博弈论广泛应用于经济学、管理学、社会学、政治学、军事科学等领域奠定了坚实的理论基础，对博弈论的推广起到了重要的作用。本书第一作者和博士生黄繁将他们关于关系均衡的博弈论文寄给纳什看，得到他的肯定，并邀请黄繁到普林斯顿大学读他的博士。

之后的二三十年，是博弈论发展最为迅速的时期。1965 年莱茵哈德·泽尔腾首次将动态分析引入博弈论，提出了纳什均衡第一个重要改进概念——"子博弈精练纳什均衡"和相应的求解方法——"逆向归纳法"。泽尔腾的第一个学位是文学学位，而他获得诺贝尔奖的论文是发表在一个比较一般的期刊上的。他当初故意选了这一般期刊投稿，不去投好期刊的原因是他不愿被好期刊的审稿者鸡蛋里挑骨头，找出一堆小问题来，让他改来改去。一般期刊的审稿者学术水平比较差，挑不出文章里的小毛病，这样的文章就能很快发表。1967 年约翰·海萨尼（John C. Harsanyi）首次将信息不完全性引入博弈分析，提出了"不完全信息静态博弈"及其基本均衡概念"贝叶斯纳什均衡"，建构了不完全信息博弈的基本理论。海萨尼的工作是基于他在悉尼大学的硕士论文。他读硕士时年龄已很大了，发表这篇论文时年近半百，可谓烈士暮年，壮心不已。之后不完全信息动态博弈得到迅速发展，并由弗得伯格（Furdenberg）和泰勒尔（Tirole）定义了它的基本均衡概念——"精练贝叶斯纳什均衡"。大体从 20 世纪七八十年

代开始，博弈论逐渐形成了一个完整的体系并慢慢成为主流经济学的一部分。

近20年对博弈论贡献颇大的是罗伯特·奥曼与托马斯·谢林。这两位截然不同风格的学者，喜欢用自然语言描述的谢林教授和非常喜欢数学语言描述的奥曼教授，都因为对博弈论的巨大贡献，而一起获得2005年诺贝尔经济学奖。奥曼是位数学家，因此他对博弈论的研究是沿着数学表达和完全信息理论的两条基本途径进行的。他在博弈论研究方面的主要成就是构建和完善博弈论的基础，精确论证完全竞争经济模型，使重复博弈的理论得到系统的发展等。奥曼数学化最主要的贡献是在重复博弈上。所谓的重复博弈是指重复同样结构的博弈多次，其中的每次博弈称为"阶段博弈"。奥曼发现，在现实生活中，维持长期合作关系远比一次合作简单而容易，因为一次性博弈有很多顾虑使合作无法形成。为此，他首先发展了无限期重复博弈等一套理论，并数学化地严格证明了合作是如何能够在长时期的关系中得到维持。一次性博弈囚徒困境，往往被用于说明"个体理性选择是集体非理性结果，对个体也非最优的"。奥曼认为，这个观点太肤浅。在现实生活中两个小偷往往是成帮结派的，也不是只被抓过一次，因此他们是在一个重复的博弈中。所以，久而久之他们反复面临选择的话，联合起来抵赖是肯定的。因为由长期合作所带来的收益，即抵赖的好处，在当前的这轮博弈中是会得到保证的。也就是说，重复博弈导致了信任，导致了关系长期化，从而导致了合作双赢。奥曼对博弈论的研究是基础性的，对经济学、数学和运筹学等许多学科领域有重大影响。

主流的博弈论大都是以数学语言和公理化的方法来进行研究，包含着许多复杂精致的数学分析技巧。然而，一味地追求数学上的高不可测，不可避免地会导致理论研究与现实越来越远。而谢林则采用与主流的数学化演绎博弈论截然不同的研究方法，用通俗易懂的日常生活语言来演绎博弈论，并将该理论令人信服地运用到政治学、社会学、心理学及国际关系等不同领域之中，从而形成了社会科学研究的经典（所以，我们这本书作为哲学系教材的写作风格就必须效法谢林）。可以这样说，谢林是在放弃传统经济学的那些数学化的东西，在关注现实中人的行为的基础上创立非数理博弈理论。谢林的主要观点是，在双方或多方相互影响的情形下，博弈是不可能通过建立数学模型来表述进而加以研究的。这是因为决策主体在相互影响下，其期望和行为难以进行纯粹的逻辑和数学推导。每个博弈者的行为不仅取决于他是如何预期其他博弈者将如何应对他的行为；并且其他的博弈者对该博弈者将如何应对他们行为的预期也同样地影响到其他博弈者的行为。也就是说，参与者之间的相互影响和他们对此的认知以及参与者个人的智商和情商会影响双方的决策分析能力。于是基于这样更接近现实的观察，谢林开创了非数理博弈理论这一新的研究领域并因此获得诺贝尔奖。他运用优美的自然语言和简单易懂的模型，而非严格的数学论证，将他的理论通过众多的实际应用分析表述了出来。所以从某种意义上讲，谢林是博弈论的使用者，而奥曼是博弈论的专家。总之，奥曼和谢林相辅相成，对博弈论20多年的发展及其对经济学的影响作出了重要的贡献。

以下是博弈论领域的诺贝尔经济学奖获得者及他们引用率最高的著作和文章，供大家参考（以下论文的"被引用次数"是在 2014 年 7 月 8 日于谷歌学术上得到的数据）：

（1）2012 年，埃尔文·罗斯（Alvin E. Roth）与罗伊德·夏普利（Lloyd S. Shapley）：

［1］Roth A E, Sotomayor MAO. Two-sided matching：A study in game-theoretic modeling and analysis ［M］. Cambridge University Press，1992.（被引用次数：1924）

［2］Shapley L S. A value for n-person games ［R］. Rand Corp Santa Monica Ca，1952.（被引用次数：5154）

（2）2007 年，莱昂尼德·赫维奇（Leonid Hurwicz）、埃克里·马斯金（Eric S. Maskin）和罗杰·梅尔森（Roger B. Myerson）：

［1］Hurwicz L. On informationally decentralized systems ［J］. Decision and organization，1972.（被引用次数：1052）

［2］Fudenberg D, Maskin E. The folk theorem in repeated games with discounting or with incomplete information ［J］. Econometrica：Journal of the Econometric Society，1986：533 –554.（被引用次数：2150）

［3］Myerson R B. Optimal auction design ［J］. Mathematics of operations research，1981，6(1)：58 –73.（被引用次数：3876）

（3）2005 年，罗伯特·奥曼（Robert Aumann）和托马斯·谢林（Thomas C. Schelling）：

［1］Aumann R J. Agreeing to disagree ［J］. The annals of statistics，1976：1236 –1239.（被引用次数：2248）

［2］Schelling T C. The strategy of conflict ［M］. Harvard University Press，1980.（被引用次数：11817）

（4）2001 年，乔治·阿克尔洛夫（George A. Akerlof）、迈克尔·斯宾塞（A. Michael Spence）和约瑟夫·尤金·斯蒂格利茨（Joseph Eugene Stiglitz）：

［1］Akerlof G A. The market for "lemons"：Quality uncertainty and the market mechanism ［J］. The quarterly journal of economics，1970：488 –500.（被引用次数：19477）

［2］Spence A M. Market signaling：Informational transfer in hiring and related screening processes ［M］. Cambridge, MA：Harvard University Press，1974.（被引用次数：1830）

［3］Stiglitz J E, Weiss A. Credit rationing in markets with imperfect information ［J］. The American economic review，1981：393 –410.（被引用次数：11811）

（5）1996 年，詹姆斯·莫里斯（James A. Mirrlees）和威廉·维克瑞（William Vickrey）：

［1］Mirrlees J A. An exploration in the theory of optimum income taxation ［J］. The re-

博弈的哲学

view of economic studies, 1971：175 – 208.（被引用次数：3625）

　　［2］Vickrey W. Counterspeculation, auctions, and competitive sealed tenders ［J］. The Journal of finance, 1961, 16(1)：8 – 37.（被引用次数：6401）

　　（6）1994 年，约翰·福布斯·纳什（John Forbes Nash）、约翰·海萨尼（John C. Harsanyi）和莱茵哈德·泽尔腾（Reinhard·Selten）：

　　［1］Nash J F. The bargaining problem ［J］. Econometrica：Journal of the Econometric Society, 1950：155 – 162.（被引用次数：6534）

　　［2］Nash J F. Equilibrium points in n – person games ［J］. Proceedings of the national academy of sciences, 1950, 36(1)：48 – 49.（被引用次数：4697）

　　［3］Harsanyi J C. Games with Incomplete Information Played by "Bayesian" Players, I – III Part I. The Basic Model ［J］. Management science, 1967, 14（3）：159 – 182.（被引用次数：3095）

　　［4］Selten R. Reexamination of the perfectness concept for equilibrium points in extensive games ［J］. International journal of game theory, 1975, 4（1）：25 – 55.（被引用次数：2977）

　　从以上论文被引用资料可见，这些诺贝尔经济学奖得主的论文平均被引用的次数约为 5542 次，最高的被引用次数是 19477 次，最低被引用 1052 次。所以，你若要想获得诺贝尔经济学奖，你的论文的被引用次数要在这个范围内，最好能达平均值 5542 次。

　　获诺贝尔经济学奖论文被引用次数见图1.5。

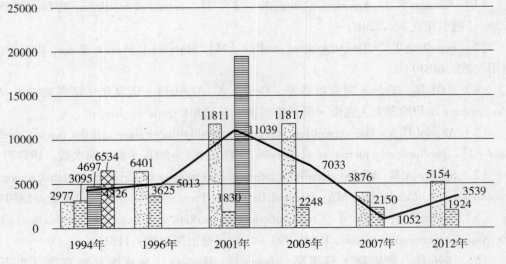

图1.5　获诺贝尔经济学奖论文被引用次数

18

第 2 章

完全信息静态博弈

第2章

完全信息静态博弈

在这一章里，我们来讨论完全信息静态博弈。所谓完全信息是指博弈者在各种策略组合下的收益是所有博弈者都知道的公共知识。而静态博弈，指的是博弈者同时采取行动，如同我们平时玩石头剪刀布游戏一样，或者博弈者行动虽分先后，但后行动者不能观察到先行动者选择了什么策略。静态博弈又分为完全信息的静态博弈和不完全信息的静态博弈，不完全信息博弈指至少有一个博弈者不完全了解另一个博弈者的类型确切信息，但知道其为每种类型的可能性。如博弈者 A 可能是奸商或良商，但是博弈者 B 不知道，只知道奸商的可能性是三分之一，良商的可能性是三分之二。

这章我们主要来谈谈在完全信息的静态博弈中，纯策略纳什均衡、混合策略纳什均衡以及存在多个纳什均衡时该怎么办的问题。在博弈中，博弈者可选的策略可分为纯策略和混合策略，其中纯策略是指博弈者只能选择一种特定的策略；混合策略是指博弈者可以以一定的概率分布选择某些策略组合。比如博弈者有 S_1 和 S_2 两个策略可选，那么博弈者以概率 p 选择 S_1，并以概率 $1-p$ 选择 S_2 的这个策略就是混合策略。而纯策略是博弈者只选 S_1 或只选 S_2 作为自己的策略，由此也可看出纯策略是混合策略中概率 p 为 0 或 1 时的特例。纯策略的收益可以用效益表示，而混合策略的收益则只能通过各种情况下的平均收益，即期望收益来展现。

2.1　只有一个纯策略纳什均衡的博弈

这节我们来讨论一下完全信息静态博弈的一些经典案例，并分析其中蕴含的哲学思想。其中的一些思想一定能给你带来一些启迪。

2.1.1　智猪博弈——如何对付懒惰的人

传说许多年前，世上有一个叫甜心农场的地方，那里圈养着一大一小两头智猪。农场最北边有一个猪食槽，而最南边有一踏板，这块踏板控制着猪食的供应。只要有猪踩到踏板上，就会有 15 份食物掉进猪食槽里。由于这农场的占地面积甚广，从最北边到最南边距离甚远，一头猪若踩了踏板后再跑回来吃食物需要消耗两份食物所提供的能量。然而，不去踩踏板光是等着吃的猪，既没有跑动所造成的相当于两份食物的体能消耗，也因离进食槽近，比要踩踏板的猪吃得早、吃得多。小猪才两个月大，刚断奶学习吃东西，一次最多能吃 6 份食物，而大猪一次最多能吃 14 份（见图 2.1）。由此可见，哪头猪去踩踏板、各自离食槽的路程及猪体形的大小都是影响大猪和小猪进食多少的关键。踩踏板还是不踩踏板在食槽边等着，是大猪和小猪的两种备选策略。

小智猪虽只有两个月大，但毕竟是智猪，所以非常聪明。它心里默默盘算着：如果我和大猪都去踩踏板，我们各自都会消耗两份食物的能量，另外，我们的初始位置都是

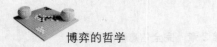

	大猪	
	踩踏板	不踩踏板
小猪 踩踏板	3，8	−1，14
小猪 不踩踏板	6，7	0，0

图 2.1　智猪博弈（1）

一样的，所以谁都不能先吃。那么，我能吃到 5 份，大猪能吃到 10 份，减去踩踏板消耗的 2 份，我只有 3 份，大猪有 8 份。但是，既然有大猪去踩，我为什么还要去踩呢？反正都是只出 15 份食物。如果我不踩大猪踩的话，我就站在食槽旁，既不用消耗能量又能多吃点。实际上，大猪去踩踏板再跑回到食槽这段时间里，我能先吃完 6 份食物，大猪再回来吃它的 9 份，而由于大猪踩踏板消耗了 2 份食物，所以大猪的净收益是 7 份食物。况且，即使我不去踩踏板，大猪也一定会去踩，因为两头猪都不踩踏板的话，我们就只能因缺乏食物活活饿死。另外，如果我踩踏板大猪不踩，我从踏板跑回来后就只能吃到 1 份食物了，还得减去消耗的 2 份，净收益为负，我这不是自己找罪受，想累死吗？大猪也不傻，也会如此考虑问题，所以一定会自己去踩。盘算了一轮，小猪决定无论如何都不去踩踏板。图 2.1 是这个博弈的收益矩阵。从此表我们能更清楚地看出大猪和小猪各自策略选择的收益。

两头猪都踩踏板时，小猪和大猪的净收益为（3，8），而小猪不踩大猪踩时，它们的净收益为（6，7），小猪趋向于选择不踩踏板。而大猪则不会趋向于选择不踩，因为两头猪都不踩时，它们的收益为（0，0）。所以智猪博弈的纳什均衡点只有唯一一个：小猪不踩踏板而大猪踩踏板（6，7）。这就是仅有一个纳什均衡点的静态博弈的情况，亦是一个纯策略博弈。

正所谓"大树下面好乘凉"。现实的经济生活中也有不少"小猪"依靠"大猪""踩踏板"，自己坐享其成。如某品牌手机出了指纹解锁等新功能，山寨机随之也推出了类似的功能或应用。这样山寨机就省去了研发创新的成本，可以卖得比该品牌机便宜许多。又如，最早开心网推出了开心农场等网页游戏，随后很多网站也推出了类似的农场网页游戏，腾讯的 QQ 农场因为与 QQ 号码绑定，后来用户比开心农场要多得多。这些"小猪们"利用了别人的创意，甚至轻轻松松地获得了比"大猪"更大的收益。在企业里也是这样：一些有能力有干劲的员工往往成了大猪，和一些工作不积极懒惰的员工共同完成一个任务时，积极的员工不做任务就完成不了。可是当积极的员工把任务完成了，不积极的员工却坐享其成，获得了同样的报酬。

又比如说，要在村门前修建公路，有些村民愿意捐钱修路，而另一些则不愿意。在公路修成之后，有没有捐钱都能够享受到宽敞平坦的公路。还有，在到处雾霾的今天，有人愿意为了大气环境节能减排，少开私家车，出行尽量乘公交车或地铁，但也有人对采取的环保措施不屑一顾。当环境好转时，不仅是为环境作出贡献的人能够享受，那些未作贡献的人也能享受新鲜的空气。这些都是大小智猪博弈的例子。

　　然而，人们还是想出了这个智猪问题的解决办法。比如：为了避免有些员工不努力工作而坐享其成，华为公司的解决方法是将股份分给表现积极的员工。这样员工就会明白，自己努力工作，公司发展得更好，股份也更值钱，自己得到的收益也越高。这样大家就会更加积极地为自己的公司工作，越积极工作进一步所分的股份也越多，从小股东变大股东的理想激励着每一个员工积极工作。不过，有些员工被华为这激励策略累到病死。

　　另外，可在企业里设立监察岗位，评估每个员工的工作情况，并对其进行适当的奖励与惩罚。假设踩踏板的可额外获得 4 份食物，不踩踏板的惩罚是到外面空地上跑步，相当于消耗 3 份食物，那么，根据图 2.2 中的收益矩阵，小猪就不会选择坐享其成，而是选择和大猪一起踩踏板。

大猪

		踩踏板	不踩踏板
小猪	踩踏板	3+4, 8+4	−1+4, 14−3
	不踩踏板	6−3, 7+4	0−3, 0−3

图 2.2　智猪博弈（2）

2.1.2　三个火枪手——弱者求胜之道

　　三个仇深似海的火枪手都希望将其他两人干掉。其中甲是个皇家护卫队的火枪手，枪法很准，命中率有 80%，而乙是个老练的火枪兵，命中率有 60%，丙只是个刚刚出道的菜鸟，命中率只有 40%。一天，正巧他们三人碰到一块，一场火拼在所难免。每个人都不知道对方首先会瞄准谁，而且三人彼此痛恨，任意两人都不可能结盟。假设三人出枪的速度相当，谁最后活下来的概率最大呢？

　　看起来似乎丙最危险，他枪法最差，怎么也不会是他最后活下来呀？但假设三个火枪手都是理性的人，都先进行博弈分析再采取策略，那么除非有什么意外（如手枪走火等），不然最后留下的肯定是丙。这听起来好像违背常理，让我们一步步来进行分析，看看是怎样的情况：

　　第一轮对决中，甲衡量着乙对自己的威胁比丙大，所以先射杀掉乙是他最佳的选择。对乙来说，先射杀掉甲也是他的最佳选择。剩下丙是没有人杀的，而丙也觉得甲的威胁比乙大，所以丙也会选择先杀甲。用矩阵来描绘策略选择如图 2.3 所示，其中选择铲除威胁最大的对手收益为 5，铲除最弱的对手留下强敌成为自己的威胁的收益为 −1。

博弈的哲学

甲				
	射乙		射丙	
	乙		乙	
	射甲	射丙	射甲	射丙
丙 射甲	5，5，5	5，-1，5	-1，5，5	-1，-1，5
丙 射乙	5，5，-1	5，-1，-1	-1，5，-1	-1，-1，-1

图 2.3　三个火枪手博弈

显然，纳什均衡点只有一个，就是甲选择射乙的策略，乙选择射甲的策略，丙选择射甲的策略，收益最高（5，5，5）。因此，丙在第一轮的存活率是100%，乙的存活率只有20%，而甲的存活率则是（1-60%）×（1-40%）=24%。一轮枪击对决后，枪法最差的丙存活率最高，枪法好的甲和乙存活率远低于丙。

但是，万一甲或乙中的一个把对方杀死了自己躲过了对方的子弹，那么接下来一轮对决丙的死亡率就比较高了。在第一轮中甲生存而乙死亡的概率：24%×80%=19.2%。接着第二轮甲射杀丙，丙射杀甲，甲的存活率是60%，丙的存活率仅为20%。第一轮乙活甲死的概率：20%×76%=15.2%，接着乙射杀丙，丙射杀乙，乙的存活率是60%，丙的存活率是40%。第一轮中甲乙都成功避过了对方的子弹，都存活下来的概率：24%×20%=4.8%，那么三人都会继续重复选择第一轮的策略。第一轮甲乙都死了的概率：76%×80%=60.8%，对决结束，剩下丙。

考虑两轮对决的情况：

（1）甲的存活率：

$$19.2\% \times 60\% + 4.8\% \times 24\% = 12.672\%$$

（2）乙的存活率：

$$15.2\% \times 60\% + 4.8\% \times 20\% = 10.08\%$$

（3）而丙的存活率：

$$19.2\% \times 20\% + 15.2\% \times 40\% + 4.8\% \times 100\% + 60.8\% \times 100\% = 75.52\%$$

根据上面简单的计算我们便可发现，即使考虑两轮对决的情况，仍然是枪法最差的丙存活率远高于枪法更优胜的甲和乙。

以上是三人同时开枪的情况，如果是三人轮流开枪呢？假设按照甲、乙、丙的顺序先后开枪，那么甲肯定先对乙开枪，然后若乙存活，则轮到乙开枪时乙也会向甲开枪，若乙被杀，则轮到丙开枪。若甲乙都存活，则丙最好的办法是不向甲乙任何一人开枪，只要不破坏甲乙两人的对立局面即可。若甲乙两人中只有一人存活，则不管谁存活，此时都轮到丙先开枪。其他的顺序也是同样分析，结果与上面相同，因而不管甲乙哪个存活，丙都有先开枪的优势，因此有更高的存活率。

24

如何能避免这种弱者赢得胜利，强者反而战败的情况呢？问题出在三个火枪手十分了解彼此的命中率，因而他们都会选择先解决掉强者。因此在现实生活中，强者必须深藏不露，保持低调，刻意掩饰自己的实力，否则就会变成众矢之的。现在我们假设甲乙丙三位火枪手对彼此的枪法都不了解，这样，甲选择射乙，甲选择射丙，乙选择射甲，乙选择射丙，丙选择射甲，丙选择射乙的概率都是均等的。甲被乙射，被丙射，或同时被乙丙射，或没有被任何人射的概率都是 25%，那么：

（1）甲的存活率：

$25\% \times 40\% + 25\% \times 60\% + 25\% \times 40\% + 60\% + 25\% \times 100\% = 56\%$

（2）乙的存活率：

$25\% \times 20\% + 25\% \times 60\% + 25\% \times 20\% + 60\% + 25\% \times 100\% = 48\%$

（3）丙的存活率：

$25\% \times 20\% + 25\% \times 40\% + 25\% \times 20\% + 40\% + 25\% \times 100\% = 42\%$

这样，在不知道对方的枪法水平情况下，枪法好的甲就最容易获胜，枪法最差的丙存活率就最低。

三个火枪手的博弈告诉我们：弱小者在与众多强者竞争时只要能把握好时机，善于结盟，就有可能战胜强者赢得最终的胜利；而对于强者，在竞争中应保持低调，这样才有更大的可能获得胜利，否则会把自己置于非常危险的境地。现实生活中这样类似的例子也屡见不鲜。

三国时期，魏吴蜀三足鼎立，其中魏国最强，吴国稍弱，蜀国最弱。魏国想统一天下，首先要灭的就是实力稍强、对自己威胁最大的吴国，于是曹操率十万大军攻打吴国，此时，刘备很有远见，知道如果吴国被灭，那么下一个被灭的就是自己了，于是他主动与吴国结盟，共同抵抗魏国，于是就有了赤壁之战中魏国被吴蜀联盟大败的结果。抗日战争时中国共产党和国民党联合抗日以及 20 世纪 50 年代中国联合苏联抗击美国的策略也是类似的道理。

2.2　混合策略

混合策略说白了就是抽签。这节我们通过一些例子来学习如何在日常生活中运用混合策略。

2.2.1　警察防小偷——让对手猜不透

我们来看看一个警察防小偷的故事。在某个世外桃源的小镇上，仅仅只有一名警察负责整个小镇的治安，只有他会在小镇上巡逻。前不久，有一个小偷不知道从哪得知了这个世外桃源的小镇，还对其研究了一番。小偷摸清了小镇的一头有一家酒馆，其财产价值为 1 万元，另一头有一家银行，其财产价值为 2 万元，并打算在其中一家进行偷

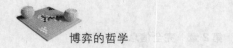

窃，好逃开警察的巡逻。然而这小镇上唯一的警察也不是随便能当的，在小偷计划偷窃的同时，警察也察觉到了这一切，只是不能够确定小偷会选择哪一家。因为分身乏术，小偷和警察都只能选择一个地方，如果警察在小偷实施偷窃的地方巡逻，那么，小偷就会被抓住，如果小偷出现在警察没有巡逻的那个地方，小偷就会偷窃成功。在这种情况下，这位身负巨大责任的警察该如何来选择呢？这时候肯定有人会站出来说：警察最好的做法是对银行进行巡逻，银行 2 万元的财产就能够保住，这样比保住酒馆 1 万元的财产更值得。可是我们细想一下，警察这样做的话，小偷会选择去酒馆，偷窃行动一定成功的。这时我们该想想，警察选择银行是最好的做法吗？事实上，在这个警察防小偷的游戏中，是不存在纯策略均衡的，只存在混合纳什均衡。所以，答案明显是否定的。双方的收益矩阵如图 2.4 所示。

		小偷	
		银行	酒馆
警察	银行	3，0	2，1
	酒馆	1，2	3，0

图 2.4　警察防小偷

现假定小偷和警察选择银行的概率分别为 p 和 $q(p,q \in [0,1])$，则双方分别以 $1-p$ 和 $1-q$ 的概率选择酒馆。由此可知小偷的期望收益 $P(p)$ 和警察的期望收益 $Q(q)$ 如下：

$$P(p) = q(1-p) + 2p(1-q) = (2-3q)p + q$$

$$Q(q) = 3pq + 2q(1-p) + p(1-q) + 3(1-p)(1-q) = (3p-1)q + 3 - 2p$$

这两个函数的三维图像如图 2.5 和图 2.6 所示。

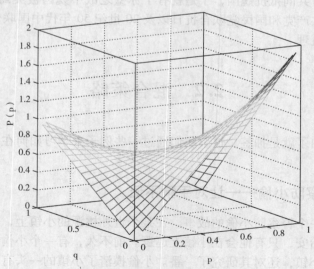

图 2.5　警察防小偷——小偷的期望收益函数

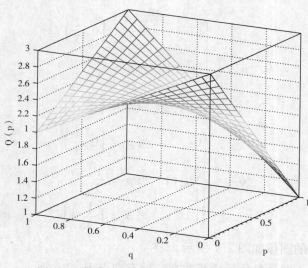

图 2.6　警察防小偷——警察的期望收益函数

由上述可知，当 $q < 2/3$ 时，$P(p)$ 为增函数，所以 $P(p)$ 在 $p=1$ 时取最大值 $2-2q_0$。而当 $q > 2/3$ 时，$P(p)$ 为减函数，所以 $P(p)$ 在 $p=0$ 时取最大值 q_0。当 $q = 2/3$ 时，对于任意的 $p \in [0，1]$，$P(p)$ 都为 q_0。同理可知，当：$p < 1/3$ 时，$Q(q)$ 为减函数，所以 $Q(q)$ 在 $q=0$ 时取最大值 $3-2p$。而当 $p > 1/3$ 时，$Q(q)$ 为增函数，所以 $Q(q)$ 在 $q=1$ 时取最大值 $p+2$。当 $p = 1/3$ 时，对于任意的 $q \in [0，1]$，$Q(q)$ 都为 $3-2p$。所以可得小偷对于警察策略的最优反应函数 p^* 以及警察对于小偷的最优反应函数 q^* 如下：

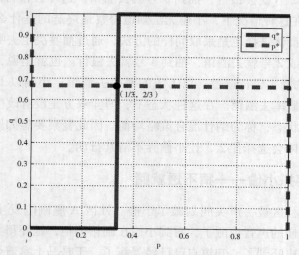

图 2.7　警察防小偷博弈的纳什均衡

$$p^* = \begin{cases} 1 & \text{当 } q \in \left[0, \dfrac{2}{3}\right) \\[2mm] [0,1] & \text{当 } q = \dfrac{2}{3} \\[2mm] 0 & \text{当 } q \in \left(\dfrac{2}{3}, 1\right] \end{cases}$$

$$q^* = \begin{cases} 0 & \text{当 } p \in \left[0, \dfrac{1}{3}\right) \\[2mm] [0,1] & \text{当 } p = \dfrac{1}{3} \\[2mm] 1 & \text{当 } p \in \left(\dfrac{1}{3}, 1\right] \end{cases}$$

两个最优反应函数的图像如图2.7所示。

由图2.7可知，两个最优反应函数在一处有交点：

$$\begin{cases} p = \dfrac{1}{3} \\[2mm] q = \dfrac{2}{3} \end{cases}$$

我们完全可以采用混合策略，直觉上也是合理的。银行的财产2万元是酒馆财产1万元的2倍，银行和酒馆总的财产是3万元。所以混合策略可以理解为，根据财产所占比例来决定警察去哪个地方的机会大小。即可通过抽签的方式决定去哪个地方：准备3个签，抽到1号或2号就去银行，抽到3号就去酒馆。这样去银行的机会是2/3，去酒馆的机会是1/3。在这种情况下，小偷无法知道警察最终选的是什么地方，只知道机会大小。此时小偷的最优选择也是采取同样的方法，通过抽签决定去哪，与警察稍有不同的是，他抽到1号或2号就去酒馆，抽到3号就去银行。也就是说，博弈的稳定状态是警察以2/3的概率选择去银行巡逻，以1/3的概率去酒馆；小偷以1/3的概率选择去银行偷窃，以2/3的概率去酒馆。在这种状态下，博弈双方是没有改变策略动机的，此时便达到了一个均衡状态，称为纳什混合策略均衡。因此警察要想如愿地逮到小偷，就要让小偷不知道他具体会选择什么，让小偷弄不清其行动。

2.2.2 警察抓小偷——猜不透就赌

深夜里，雨林社区被一声尖叫划破了宁静。社区A座刚刚发生了一宗盗窃案，房主睡梦中被屋里奇怪的声音惊醒了，看到小偷在翻箱倒柜，她吓得大声尖叫。小偷也被这突如其来的尖叫声吓到了，知道自己已经暴露了，于是马上拿着到手的财物便跑。同时，负责在夜里巡逻雨林社区的警察张冠也闻讯赶到，知道发生了盗窃案，就马上去追捕小偷。社区环境相对比较封闭，能逃走的路只有两条，一条从 A 座向东延伸，另一条从 A 座向南延伸。如果小偷往东逃跑，警察张冠也往东追，那么张冠一定能追上小偷；同样地，如果小偷和警察都同时选择了往南，警察也能追上小偷。然而，如果小偷选了往东，而警察选了往南，或小偷选了往南，警察选了往东，只要他们走的方向不同，小偷就一定能成功逃跑。双方的收益矩阵如图 2.8 所示。

		小偷	
		向东	向南
警察	向东	1，-1	0，0
	向南	0，0	1，-1

图 2.8　警察抓小偷

在此博弈的收益矩阵上，我们找不到纳什均衡点，每一个博弈状态都是不稳定的状态。因为，如果警察选择向东跑，则小偷的最优策略是向南跑，而此时警察的最优策略却又是向南跑，进一步小偷应该向东跑，而警察又最好向东跑，最后产生一个循环，达不到均衡状态。因此，如果博弈存在纳什均衡点，那么一定是混合策略分析的结果。假定小偷和警察向东跑的概率分别为 p 和 q，则根据收益矩阵能够求得两人的收益期望满足如下函数：

$$P(p) = -1 \times pq - 1 \times (1-p)(1-p) = (1-2q)+q-1$$
$$Q(q) = 1 \times pq + 1 \times (1-p)(1-q) = (2p-1)q-p+1$$

这两个函数的三维图像如图 2.9 和图 2.10 所示。

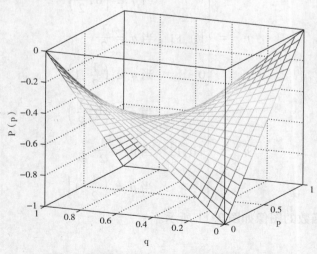

图 2.9　警察抓小偷——小偷的期望收益函数

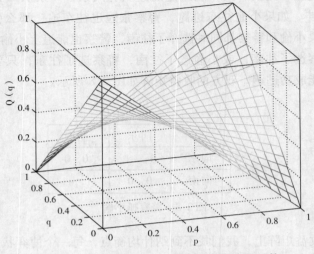

图 2.10　警察抓小偷——警察的期望收益函数

由上述可知，当 $q < 1/2$ 时，$P(p)$ 为增函数，所以 $P(p)$ 在 $p = 1$ 时取最大值 $-q$。而当 $q > 1/2$ 时，$P(p)$ 为减函数，所以 $P(p)$ 在 $p = 0$ 时取最大值 $q - 1$。当 $q = 1/2$ 时，对于任意的 $p \in [0, 1]$，$P(p)$ 都为 $q - 1$。同理可知，当：$p < 1/2$ 时，$Q(q)$ 为减函数，所以 $Q(q)$ 在 $q = 0$ 时取最大值 $1 - p$。而当 $p > 1/2$ 时，$Q(q)$ 为增函数，所以 $Q(q)$ 在 $q = 1$ 时取最大值 p。当 $p = 1/2$ 时，对于任意的 $p \in [0, 1]$，$Q(q)$ 都为 $1 - p$。所以可得小偷对于警察策略的最优反应函数 p^* 以及警察对于小偷的最优反应函数 q^* 如下：

$$p^* = \begin{cases} 1 & \text{当 } q \in \left[0, \dfrac{1}{2}\right) \\[2mm] [0,1] & \text{当 } q = \dfrac{1}{2} \\[2mm] 0 & \text{当 } q \in \left(\dfrac{1}{2}, 1\right] \end{cases}$$

$$q^* = \begin{cases} 0 & \text{当 } p \in \left[0, \dfrac{1}{2}\right) \\[2mm] [0,1] & \text{当 } p = \dfrac{1}{2} \\[2mm] 1 & \text{当 } p \in \left(\dfrac{1}{2}, 1\right] \end{cases}$$

这两个最优反应函数的图像如图 2.11 所示。

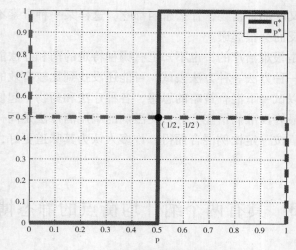

图 2.11　警察抓小偷博弈的纳什均衡

由图 2.11 可知，两个最优反应函数在一处有交点：

$$\begin{cases} p = \dfrac{1}{2} \\ q = \dfrac{1}{2} \end{cases}$$

也就是说，此番博弈的稳定状态，是小偷和警察都以 0.5 的概率往东跑或者往西跑。可以理解为，这种情况下，小偷和警察用抛硬币的方法来选择往东跑还是往西跑，正面则往西跑，而反面则往东跑。在这种状态下，博弈双方都没有改变策略的动机。

2.2.3　与女生约会、食品安全及其他——综合治理

混合策略的基本思想其实就是哪招都没法保证管用时，就一会用这招，一会又用另一招，综合起来就有效了。

男生追女生时打电话与女生约会，话讲到一半，还没商量好是在大草坪、图书馆还是学一食堂下午 5 点半见，手机就没电了。人在地铁上，充电宝又没在身上，时间已经快到 5 点半了。当然这时可以试着向旁边的陌生人借手机，但很可能借不到，怎么办呢？虽然自己是男神，而那女生也是女神啊，不能得罪。其实有一个办法，就是应用混合策略的思想，在大草坪、图书馆和学一食堂之间来回地奔跑，定会在某个地点遇到女神。这样不仅能感动女神，还能锻炼身体，多好！

这些年中国的食品安全问题十分严重，知道各种真相还会吓死人。没办法，那就闭着眼睛乱吃吧。这听起来像笑话，其实是很科学的，因为这是采取各种食物都吃一点的混合策略。如果总吃一种东西，由于某种毒素积累过多，可能导致身体出现问题。如果

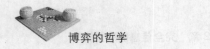

一会吃这种，一会又吃那种食物，什么东西都吃，这样某一种毒素不会积累太多，没准还以毒攻毒，身体反而会很健康。

又例如，癌症是很难治疗的，也不知道有哪种特定的药和疗法能绝对有效。而癌细胞长得很快，如果一种方法一种方法去试，可能还没找到比较有效的那种方法，病人就去世了。所以，可以试一下混合策略的思想，各种疗法和药物一起使用。也许通过几种药物综合起作用，最终没准病情能变好。艾滋病的鸡尾酒疗法是同样的道理。

鸡尾酒是几种酒按一定比例混合而得。许多人认为其味道更好，这也是混合策略思想的具体应用。

2.3　具有两个纳什均衡点的静态博弈

前面，我们已经了解了仅有一个纳什均衡点的静态博弈的情况。这节我们来介绍具有两个纳什均衡点的静态博弈。所谓有两个纳什均衡点，就是说博弈有两个稳定平衡状态 A 和 B，当博弈处于状态 A 或者状态 B 时，博弈双方都没有改变策略的动机和愿望。如果博弈既不处在状态 A，也不处在状态 B，那么，博弈就会沿着特定的轨迹向 A 或者 B 靠拢，最终会达到 A 或者 B。而只有一个纳什均衡点的静态博弈则不然，无论初始条件如何，它都只向着唯一的纳什均衡点靠拢。

2.3.1　鹿兔问题——如何共创双赢

法国启蒙思想家卢梭的《论人类不平等的起源和基础》一书中有这样一个故事：山脚下住着两位猎人，他们每天都按时上山打猎。山里有两种可供狩猎的动物：鹿和兔。因为狩猎鹿和兔所需要的装备不同，而猎人们每次只能带一套装备上山，所以他们虽然可以各自选择猎鹿或者猎兔，却不能一次上山就猎取两种动物。但是，鹿行动敏捷，两位猎人若不联手是不能够逮到鹿的，单打独斗则只能空手而归。至于猎兔则没有类似的麻烦，两人都可以各自猎兔，且一定能成功。只是猎鹿一旦成功，每人的收益远远超过猎兔。

不巧的是，两位猎人一位住在山南之脚，一位住在山北之脚，那时生活中手机和互联网还未发明出来，临行前没有办法沟通好今天到底猎鹿还是猎兔。所以，他们只能猜测对方是选择猎鹿还是猎兔。如果一位猎人猜测对方带的是猎鹿的装备，那么他最合理的做法就是同样带猎鹿的装备；如果他猜测对方带的是猎兔的装备，那么再带猎鹿的装备他将空手而归，最合理的做法是同样带猎兔的装备。这样一来，两人之间就形成了博弈关系。

纯策略分析

"鹿兔问题"也被称作"猎人博弈"，是最常见的有两个纯策略纳什均衡点的静态博弈模型。下面,我们分析一下鹿兔问题的数学结构。记两位猎人为甲和乙,并假定猎鹿的收益为 10,猎兔的收益为 4。那么鹿兔问题的收益矩阵如图 2.12 所示。

		乙	
		鹿	兔
甲	鹿	10, 10	0, 4
	兔	4, 0	4, 4

图 2.12 鹿兔问题

两人猎鹿各得 10 份收益,两人猎兔则各得 4 份收益。若一人猎鹿、一人猎兔,那么猎鹿的人将空手而归,得 0 份收益;猎兔的人一定会猎得兔,得 4 份收益。对于猎人甲来说,自己选择的根据就是对方的选择:如果对方选择猎鹿,那么猎人甲也会选择猎鹿,因为 10 份收益大于 4 份收益;如果对方选择猎兔,那么猎人甲也会选择猎鹿,因为 4 份收益大于 0 份收益。所以,无论博弈开始于哪个点,博弈都会朝点(鹿,鹿)和点(兔,兔)靠拢,这两个点就是鹿兔问题的两个纳什均衡点。

混合策略分析

接下来,我们再考虑一下混合策略的情形。假定猎人甲以 p 的概率选择猎鹿,即以 1 − p 的概率选择猎兔;再假定猎人乙以 q 的概率选择猎鹿,即以 1 − q 的概率选择猎兔。再记两人的期望收益分别为 P(p) 和 Q(q),则有如下等式成立:

$$P(p) = 10pq + 4(1-p)q + 0p(1-p) + 4(1-p)(1-q)$$
$$Q(q) = 10pq + 0(1-p)q + 4p(1-q) + 4(1-p)(1-q)$$

整理后,得:

$$P(p) = (10q - 4)p + 4$$
$$Q(q) = (10p - 4)q + 4$$

这两个函数的三维图像如图 2.13 和图 2.14 所示。

出于博弈论的理性人假设,猎人甲和猎人乙都希望通过调整自己所能控制的变量(猎人甲只能控制 p,猎人乙只能控制 q)去使得各自的收益最大化,即使得和 Q(q) 取得最大值。由上述公式和图像,我们可知,当 $q < 0.4$ 时,P(p) 为减函数,所以 P(p) 在 p = 0 时取最大值 4。而当 $q > 0.4$ 时,P(p) 为增函数,所以 P(p) 在 p = 1 时取最大值 10q。当 q = 0.4 时,对于任意的 $p \in [0, 1]$,P(p) 都为 4。同理可知,当 p < 0.4 时,Q(q) 为减函数,所以 Q(q) 在 q = 0 时取最大值 4。而当 p > 0.4 时,Q(q) 为增函数,所以 Q(q) 在 q = 1 时取最大值 10p。当 p = 0.4 时,对于任意的 $q \in [0, 1]$,Q(q) 都为 4。所以可得出。猎人甲针对猎人乙的策略的最优反应函数 p^* 和猎人乙针对猎人甲的策略的最优反应函数 q^* 如下:

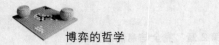

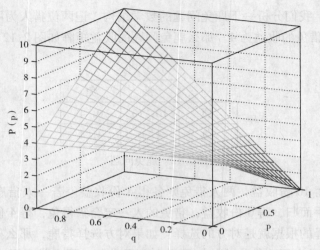

图 2.13 鹿兔问题——猎人甲的期望收益函数

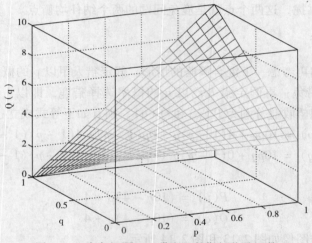

图 2.14 鹿兔问题——猎人乙的期望收益函数

$$p^* = \begin{cases} 0 & \text{当 } q \in [0, 0.4] \\ [0,1] & \text{当 } q = 0.4 \\ 1 & \text{当 } q \in [(0.4, 1] \end{cases}$$

$$q^* = \begin{cases} 0 & \text{当 } p \in [0, 0.4] \\ [0,1] & \text{当 } p = 0.4 \\ 1 & \text{当 } p \in [0.4, 1] \end{cases}$$

两个最优反应函数的图像如图 2.15 所示。

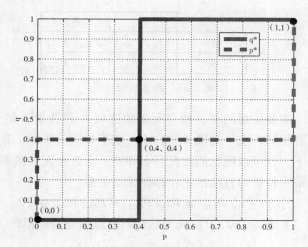

图 2.15　鹿兔博弈的纳什均衡

由图 2.15 可知，两个最优反应函数在三处有交点：

$$\begin{cases} p = 0 \\ q = 0 \end{cases}$$

$$\begin{cases} p = 1 \\ q = 1 \end{cases}$$

$$\begin{cases} p = 0.4 \\ q = 0.4 \end{cases}$$

我们发现，在混合策略的前提下，除了先前我们已经通过静态分析求得的两个纳什均衡点——甲乙都猎鹿或甲乙都猎兔——之外，还有第三个纳什均衡点，即点（0.4，0.4），代表甲乙分别以 40% 的概率选择猎鹿，以 60% 的概率选择猎兔。在这个第三个纳什均衡点上，猎人甲和猎人乙分别采取 40% 概率上山猎鹿、60% 概率上山猎兔的混合策略，而两人都不再有改变策略的动机和意愿。此时，两人的收益与都猎兔时相同，都获得 4 份收益。这 40% 和 60% 的概率，操作起来还是用抽签的老办法。10 根签，抽中 1～4 号之一，便带猎鹿装备；否则带猎兔装备。

归纳总结

我们已经对鹿兔问题进行了详细的分析，下面，我们将总结一下与鹿兔问题相似的两个纳什均衡点的静态博弈的特征。相似鹿兔问题的收益矩阵具有图 2.16 的形式。

所有两个博弈者的静态博弈都具有以上形式的收益矩阵，它的特殊性在于：

第一，点（1，1）和点（0，0）是博弈的纳什均衡点。这是两个纳什均衡点的静

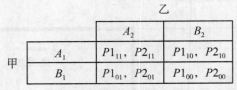

图 2.16 鹿兔相似问题

态博弈的本质特征。需要注意的是，两个玩家的选项 A 和选项 B 的内容是任意的，并不是说 A_1 和 A_2 非要相同，也不是说 A_1 与 A_2 一定不相同。所以，我们既可以把纳什均衡点放在左上和右下，也可以把它们放在右上和左下。这是无关紧要的。

第二个特征是第一特征的直接推论：存在大小关系

$$p1_{11} \geqslant P1_{01} \; P1_{00} \geqslant P1_{10} \; P2_{11} \geqslant P2_{10} \; P2_{00} \geqslant P2_{01}$$

这正是使得点（1，1）和点（0，0）成为纳什均衡点的背后的原因。

问题与对策

我们所需要解决的所谓"鹿兔问题"，就是如何让两位猎人都选择猎鹿"共创双赢"的问题。解决问题的思路一共有三种，它们分别是：第一，以外在强力改变博弈的结构；第二，改造猎人们的思维直接跳过漫长的博弈过程，而直接采取点（1，1）的策略；第三，在不改变博弈结构的前提下，通过改变收益矩阵的比例来提高点（1，1）的概率。

第一种思路可以采取的最为强硬的方案，是立法禁止猎兔。这样猎兔的收益就会归零甚至负值（如违反禁令的话），猎人们当然就一窝蜂去猎鹿了。再有，如改进猎鹿的技术手段，或者购置先进的猎鹿装备，使得一个人也可以猎鹿，那么收益矩阵的结构就改变了，猎人们也会选择猎鹿。其实，这种解决思路并不是在解决问题，而是在消解问题。这种改变博弈收益的方法在《圣经》里有讲到，即劝告人们彼此要宽容，否则上帝也会不宽容他们。

第二种思路可以采取的手段则有很多，如两人的默契（这种默契固然有非理性的成分，但现实生活中是存在的），或者是打猎前试着进行沟通（没有互联网和手机，可以飞鸽传信），或者是参与某个打猎协会由协会整体来安排打猎事宜，等等。这种解决思路实质是改掉短视的毛病。

第三种思路则不能彻底解决问题，只能提高总体上的收益。实际做法有实的，也有虚的。实的如提高市场上鹿肉的卖价，虚的如教育猎人猎鹿比猎兔更光荣，等等。这两套做法都可以提高收益矩阵上猎鹿的收益。我们知道，纳什均衡点（1，1）的概率是由点（1，1）的收益所决定的，提高猎鹿的收益就能够提高猎人们在博弈过程中逐渐选择猎鹿的概率。我们认为，对于一个现实中的管理者而言，第三种思路是最稳妥、最可行、最容易控制的做法。这是因为，前两种做法无非意味着改革，而只有第三种做法却是改良，一旦见势头不对，管理者还有充分挽回的余地。

2.3.2　性别之战——相爱容易相处难

一对"90 后"小夫妻打算好好庆祝一下他们的结婚周年纪念日，但他们却在到底是去看足球赛还是去听郎朗的音乐会这个问题上产生了分歧，丈夫当然喜欢看足球赛，但妻子却不感兴趣。故我们可合理先假设如果两人一起去看足球赛，男方的收益为 2，女方的收益为 1。丈夫知道妻子是钢琴王子郎朗的粉丝，但自己心里对经典音乐会不感兴趣，又不喜欢郎朗的表演风格，故不乐意去听郎朗的钢琴演奏。因此，我们可设如果两人一起去听音乐会，男方的收益为 1，女方的收益为 2。如果男方和女方分开行动，各看各的，那么由于才结婚一年还十分喜欢出双入对，没有对方陪，双方都会觉得没有意思，所以，此时双方的收益均为 0。该博弈的收益矩阵如图 2.17 所示。

	女方	
	篮球赛	音乐会
男方　篮球赛	2, 1	0, 0
男方　音乐会	0, 0	1, 2

图 2.17　性别战争

由博弈矩阵可知，该博弈的纯策略纳什均衡有两个，分别是男女双方都选择去看足球赛和男女双方都选择去听音乐会。仔细分析该博弈我们会发现两个博弈者都没有不论对方选做什么都好的策略，双方的最优策略取决于对方选择的策略，如果某一方的选择确定了，那么另一方的最优策略就是与前者相同。因而理论上来说要在该博弈中最大化自己的收益，就要先下手为强，提前告诉对方自己选择的策略，这样对方就只能和你选择一样的策略了。但是在实际生活中如果一方采用上述先下手为强的方式的话，另一方肯定会不高兴，会觉得前者不商量就决定两个人的事，反而会影响彼此感情。因此采用补偿的策略会更好一些，比如：男方答应女方如果她陪他去看足球赛，那么下次就陪她去逛街。女方也可以向男方承诺如果男方这次陪她去听音乐会，那么男方可以一星期不用洗碗，也不用做饭。

混合策略分析

现在我们来看是否应用抽签的办法来解决问题。按照混合策略的理论，性别战争博弈还有一个混合策略的均衡，现假设男方以概率 p 选择去看足球赛，而女方以概率 q 选择去看篮球赛（$p, q \in [0, 1]$），则他们分别以 $(1-p)$ 和 $(1-q)$ 的概率选择去听音乐会。由此可得出男方的期望收益 $H(p)$ 和女方的期望收益 $W(q)$ 如下：

$$H(p) = 2pq + 1(1)(1-p)(1-q) = 3pq - p - q + 1$$
$$W(q) = pq + 2(1-p)(1-q) = 3pq - -2p - 2q + 2$$

上述公式可化为：

$$H(p) = p(3q - 1) - q + 1$$
$$W(q) = q(3p - 2) - 2p + 2$$

这两个函数的三维图像如图 2.18 和图 2.19 所示。

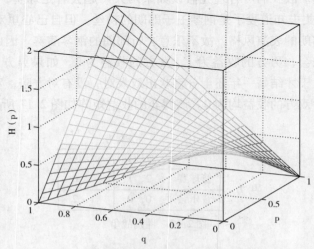

图 2.18　性别战争——丈夫的期望收益函数

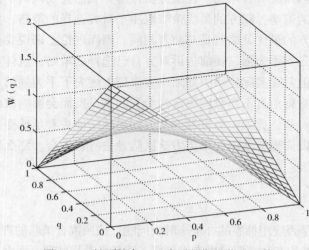

图 2.19　性别战争——妻子的期望收益函数

由此可知，由于 $1 - q \in [0, 1]$ 和 $p > 0$，当 $q < 1/3$ 时，$H(p)$ 为减函数，所以 $H(p)$ 在

$p=0$ 时取最大值 $1-q$。而当 $q>1/3$ 时，$H(p)$ 为增函数，所以 $H(p)$ 在 $p=1$ 时取最大值 $2q_0$。当 $q=1/3$ 时，对于任意的 $p \in [0, 1]$，$P(p)$ 都为 $1-q_0$。同理可知，当：$p<2/3$ 时，$W(q)$ 为减函数，所以 $W(q)$ 在 $q=0$ 时取最大值 $2-2p$。而当 $p>2/3$ 时，$W(q)$ 为增函数，所以 $W(q)$ 在 $q=1$ 时取最大值 p。当 $p=2/3$ 时，对于任意的 $q \in [0, 1]$，$W(q)$ 都为 $2-2p$。所以可得男方对于女方策略的最优反应函数 p^* 以及女方对于男方的最优反应函数 q^* 如下：

$$p^* = \begin{cases} 0 & \text{当 } q \in \left[0, \dfrac{1}{3}\right) \\ [0,1] & \text{当 } q = \dfrac{1}{3} \\ 1 & \text{当 } q \in \left(\dfrac{1}{3}, 1\right) \end{cases}$$

$$q^* = \begin{cases} 0 & \text{当 } p \in \left[0, \dfrac{2}{3}\right) \\ [0,1] & \text{当 } p = \dfrac{2}{3} \\ 1 & \text{当 } p \in \left(\dfrac{2}{3}, 1\right) \end{cases}$$

两个最优反应函数的图像如图 2.20 所示。

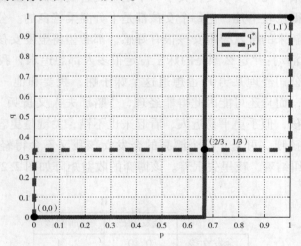

图 2.20　性别战争的纳什均衡

由图 2.20 可知，两个最优反应函数在三处有交点：

$$\begin{cases} p = 0 \\ q = 0 \end{cases}$$

$$\begin{cases} p = 1 \\ q = 1 \end{cases}$$

$$\begin{cases} p = \dfrac{2}{3} \\[2mm] q = \dfrac{1}{3} \end{cases}$$

因而该博弈有三个纳什均衡，前两个交点对应纯策略下的两个纳什均衡，最后一个交点为混合策略下的纳什均衡，即男方以 2/3 的概率选择去看足球赛，以 1/3 的概率选择去听音乐会；女方以 1/3 的概率选择去看足球赛，以 2/3 的概率选择去听音乐会。也就是说，拿三根签让男方抽，抽中 1 号或 2 号签，他就去看足球赛；同时拿三根签让女方抽，抽中 1 号或 2 号，她就去听音乐会，否则去看足球赛。个人喜欢的都会以同样高的机会选中，很公平。当然也有可能两人都不幸抽反了，男方抽得的结果是听音乐会，女方抽得的结果是去看足球赛。此时，只有掷硬币了，正面的话都去看足球赛，反面的话则都去听音乐会，愿赌服输，谁也不怨谁。

2.3.3　追女孩博弈——勇者胜

第一章我们讨论过女生面对男生的追求，如何决定接不接受那份爱。这里我们帮男生研究一下，有几个女生可追求时，男生应当追谁。

假如某公司新来了几个女职员，其中一个是金发碧眼长得很漂亮的外国女孩，其他女孩和她比起来显得比较平凡，但每个女孩都是十分温柔善良的。公司里有两个单身的年轻男职员，都对新来的金发碧眼女孩很有好感，都希望将金发女孩追到手。于是，某男 A 有了这段心理活动："这么漂亮的妹子肯定很多人都想追求，我又不是特别帅气怎么轮到我呢，好像公司经理某男 B 也想追这个妹子啊，我要和他一决高低么？万一追不到岂不是很丢脸，而且还可能因此得罪经理，'赔了夫人又折兵'。对了，公司里还来了几个单身的女孩，似乎更平易近人，看起来也不错，关键是更容易追求。要不我还是来追普通点的女孩吧。可是，这个漂亮的金发女孩我又不舍得轻易放手。"同样地，B 也在心里也默默纠结着，夜里失眠着。该博弈的收益矩阵如图 2.21 所示。

		B	
		金发女孩	普通女孩
A	金发女孩	0, 0	2, 1
	普通女孩	1, 2	1, 1

图 2.21　追女孩博弈

纯策略分析

如果 A 先下手为强追金发女孩，而 B 决定稳妥点追普通女孩，那么大家都能如期所愿交到女朋友；追到金发女孩的 A 收益为 2，而追到普通女孩的 B 收益为 1。反过来 A 为了稳妥点去追普通女孩，B 冒着风险去追金发女孩，那么也都能如所愿交到女朋友，因为 A、B 之间没有了竞争，B 追到金发女孩的机会大了很多，不过此时 B 的收益为 2，A 的收益是 1。当然，在这样的情况下，追到普通女孩的男职员心里还是感到有点不爽，甚至有点后悔自己没有勇气去追金发女孩，既羡慕又嫉妒那追到金发女孩的男职员；追到金发女孩的男职员则会暗自偷笑，庆幸自己勇敢地追了金发女孩。

如果 A、B 决定同时来追求金发女孩，由于 A、B 都一起追求金发女孩，金发女孩觉得自己的身价很高，不愁没有男朋友，根本看不上 A、B，把两个追求者都拒绝了。结果 A 和 B 都追不到女孩子，还在其他普通女孩面前丢了面子，两个人的收益都为 0。若是 A 和 B 都不希望冒险搞得自己连个女朋友都没有，都决定追公司里的其他普通女孩。虽然两个人都追到了女朋友，但两个人都没有追到自己最心仪的金发女孩，收益都为 1。

从上面的分析中，我们可以看出，当 A、B 之中只有一个去追金发女孩的时候，才能如愿追到金发女孩，使自己没有遗憾。然而，去追金发女孩是冒着追不到的风险和在普通女孩面前丢面子的风险，一旦失败，普通女孩又被别人追走，损失还是挺大的；直接放弃追金发女孩而去追普通女孩，这样尽管比较保险能交到女朋友，但没有挑战，一生都没有尝试去追求心仪的金发女孩，心里总会有一丝隐痛，有一点不甘。所以在此博弈中有两个纳什均衡：一方鼓起勇气去追金发女孩，另一方退而求其次去追普通女孩。在现实生活中，大多数情况下信息是不对称的，一方不可能完全知道另一方的情况，也不可能完全告诉另一方自己的情况，我们无法知道结果偏向哪一个纳什均衡点，也就无法预测谁输谁赢。但有一点不可否认，一些思维较简单、不怕丢脸的男孩，毫无顾忌地勇往直前，往往能博得女神的好感。所以，两军相逢勇者胜。

混合策略分析

接下来对该博弈采取混合策略分析。假定博弈双方一男 A 和男 B，分别以概率 p 和概率 q 追求金发女郎，则根据收益矩阵，两人的期望收益 $P(p)$ 和 $Q(q)$ 满足函数：

$$P(p) = (1 - 2q)p + 1$$
$$Q(q) = (1 - 2p)q + 1$$

这两个函数的三维图像如图 2.22 和图 2.23 所示：

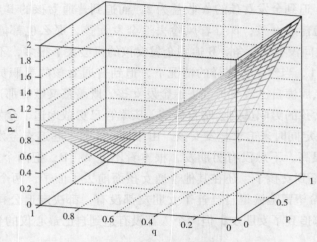

图 2.22　追女孩博弈——男 A 的期望收益函数

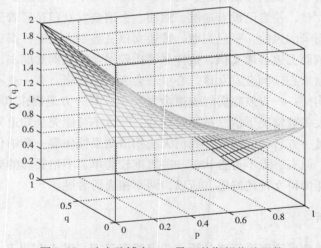

图 2.23　追女孩博弈——男 B 的期望收益函数

由图像可知，当 $q > 1/2$ 时，$P(p)$ 为减函数，所以 $P(p)$ 在 $p = 0$ 时取最大值 1。而当 $q < 1/2$ 时，$P(p)$ 为增函数，所以 $P(p)$ 在 $p = 1$ 时取最大值 $2 - 2q_0$。当 $q = 1/2$ 时，对于任意的 $p \in [0, 1]$，$P(p)$ 都为 1。同理可知，当 $p > 1/2$ 时，$Q(q)$ 为减函数，所以 $Q(q)$ 在 $q = 0$ 时取最大值 1。而当 $p < 1/2$ 时，$Q(q)$ 为增函数，所以 $Q(q)$ 在 $q = 1$ 时取最大值 $2 - 2p$。当 $p = 1/2$ 时，对于任意的 $q \in [0, 1]$，$Q(q)$ 都为 1。所以可得出 A 针对 B 策略的最优反应函数 p^* 以及 B 针对 A 的最优反应函数 q^* 如下：

$$p^* = \begin{cases} 1 & \text{当 } q \in \left[0, \dfrac{1}{2}\right] \\[2mm] [0,1] & \text{当 } q = \dfrac{1}{2} \\[2mm] 0 & \text{当 } q \in \left[\dfrac{1}{2}, 1\right] \end{cases}$$

$$q^* = \begin{cases} 1 & \text{当 } p \in \left[0, \dfrac{1}{2}\right] \\[2mm] [0,1] & \text{当 } p = \dfrac{1}{2} \\[2mm] 0 & \text{当 } p \in \left[\dfrac{1}{2}, 1\right] \end{cases}$$

这两个最优反应函数的图像如图 2.24 所示。

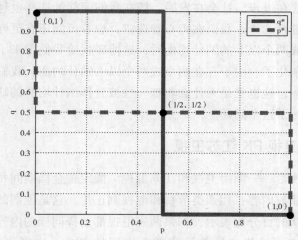

图 2.24　追女孩博弈的纳什均衡

由图 2.24 可知，两个最优反应函数在三处有交点：

$$\begin{cases} p = 0 \\ q = 1 \end{cases}$$

$$\begin{cases} p = 1 \\ q = 0 \end{cases}$$

$$\begin{cases} p = \dfrac{1}{2} \\ q = \dfrac{1}{2} \end{cases}$$

采取混合策略的话，男 A 和男 B 各有 $\frac{1}{2}$ 的可能追金发女孩，也各有 $\frac{1}{2}$ 的可能选一般女孩。这就是说，追女孩时，如下不了决心，究竟追哪一个时，就掷硬币来决定吧！事情也只能这样，不必想得肝肠寸断。

2.4　多均衡点时的选择

前面已经提到过一个博弈也许不仅只有一个纳什均衡点，很多情况下会有两个纳什均衡点甚至更多的纳什均衡点。在现实生活中，我们时常会遇到很多选择，这些选择各有各的优势，你选择的结果不仅仅跟你自身情况有关，还跟别人的选择有关。所以说，有时候没得选择也许更好，因为这样你无须陷入患得患失的纠结之中。现在很多人都有着选择恐惧症，时代在进步，社会在发展，摆在我们面前的选择也越来越多，可痛苦的是我们不知道如何进行选择，我们在担心着选错，想着可能还有更好。同样的道理，当一个博弈存在两个或两个以上的纳什均衡时，这博弈就给我们带来了麻烦，因为纳什均衡的增多使问题复杂化了。由于存在两个或两个以上纳什均衡，我们就不能对这个问题给出一个明确的答案，这也就是为什么非唯一性被看作纳什均衡的缺陷。这一节我们通过两个例子来讨论一下这个问题。

2.4.1　湖南卫视 PK 江苏卫视

现在有两家卫视台——湖南卫视和江苏卫视。假定黄金档期间每家卫视都可以在以下两种类型中选择播放内容：相亲类节目和电视剧正片。这是他们的两个策略，收益用它们获得的潜在观众的百分比表示，如果两家卫视都选择同样的内容来播放，它们就会平分观众。详细一点说，相亲类节目的观众比例是 40%，电视剧正片的观众比例是60%。当湖南卫视和江苏卫视同时播放的是相亲类节目时，那么两家卫视平分观众，各获得 20% 的比例；同样，当同时播放的是电视剧正片时，两家卫视平分观众，各获得30% 的比例；但当他们分别选择相亲类节目和一个选择电视剧正片时，他们就会独自拥有那类节目的所有观众。该博弈的收益矩阵如图 2.25 所示。

江苏卫视

	相亲类节目	电视剧正片
相亲类节目	20，20	40，60
电视剧正片	60，40	30，30

湖南卫视

图 2.25　湖南卫视与江苏卫视博弈

根据这个卫视博弈的收益矩阵，我们知道该博弈存在两个纳什均衡点（相亲类节目，电视剧正片）和（电视剧正片，相亲类节目）。对于两个卫视来说，上相亲类节目是对电视剧正片的最优反应策略（因为 40 > 3），同样，一个上电视剧正片是对另一个上相亲类节目的最优反应策略（因为 60 > 20）。在这个例子中，我们所要解决的问题是如何避免两家卫视撞车。如果两家卫视同时选择同一类型的内容来播放，即便是最受欢迎的类型，他们也会同时遭受损失，失去部分观众。只有当两家卫视选择不同类型的内容来播放时，双方才能达到互补的效用，共同获得全部观众。尽管在纳什均衡点两家卫视中总有一家的收益不如另外一家，有人会想到公平因素，这样一起播放电视剧正片的可能性比较大，但是两家卫视是可以形成联盟的，可以轮流来交替。当你在这一个黄金档播放的是相亲类节目时，下个黄金档就播放电视剧正片。如果有一方不配合的话，是迟早会共同竞争同一类型的观众，搞得两败俱伤（60 或 40 都大于 30 或 20）。所以两家卫视的高管，一定要设法与对方沟通，达成轮流的协议或者形成共识和默契来共创双赢。

　　还有没有别的办法呢？我们继续讨论一下。我们熟知湖南卫视有相亲节目《我们约会吧》，江苏卫视的相亲节目《非诚勿扰》更是众所周知。两家卫视还时不时同步播出电视剧新片。2011 年下半年，江苏卫视的精彩谍战剧《断刺》和湖南卫视占尽话题的《步步惊心》几乎同步播出。两家卫视在选择播放内容时面临着同样的问题，一家只有知道另一家会选择什么的情况下，才能做出对自己最有利的策略。因为是同时选择，若无协议或默契的话，真的没法确保不撞车。我们都知道江苏卫视的相亲节目《非诚勿扰》是比较成功的，湖南卫视从江苏卫视过去的历史中得到这一线索，那么湖南卫视就有理由相信江苏卫视会选择相亲类节目，自己选择电视剧正片是最优策略。同样，湖南卫视的电视剧虽然经常遭到观众们的吐槽，但收视率一直还是不错的，江苏卫视也可以从湖南卫视以往的经验中得知这一情况，那么江苏卫视同样有理由相信湖南卫视会选择电视剧正片，自己选择相亲类节目是最优选择。这时（电视剧正片，相亲类节目）这一均衡的概率比（相亲类节目，电视剧正片）的概率大多了。但也正如上面所提到的，长期下去，江苏卫视肯定不甘心自己总是选择相亲类节目而让湖南卫视占尽了便宜，所以两家要想长期互补下去，需要有合作的心态，要有默契地在这两个均衡点之间来回走动。当然如果这是两家新创立的卫视，我们无法从他们的历史记录中获得任何线索，那么两个或两个以上纳什均衡的问题还是难以解决的。

　　看来历史经验对于解决这类多个纳什均衡的问题有一定的作用，所以遇到选择问题时可以问问前辈们，从他们的经验中获得一些信息来帮助你选择，同时可以花点时间了解一下你对手的历史经验，获得更多信息来帮助你选择。一般而言，在多个均衡存在的情况下，要尽量收集相关的信息，或与对方沟通，来确定采用哪个均衡的策略。

2.4.2　高考填报志愿

其实大学生大多经历过这样的选择问题。我们在高考填报志愿时碰到的情况就是这样的，在众多大学中做选择，同时大学在众多学生中做选择。如果同班同学都选择同一所学校，录取的机会就不会有那么大。只有大家分散着选择大学，这样大家被录取的机会就大了很多。比如说，当同一个班级有两个同学 A、B 都可以报考武汉大学（简称武大）和中山大学（简称中大）时，A 和 B 同学如果同时选择武大或者中大，那么他们都被录取的机会不会很大；如果他们一个选择武大，另一个选择中大，那么他们都被录取的机会就大得多。名牌大学对同一个学校同一个班级来的学生是有选择的，不会轻易都录取，因为录取名额是有限的。该博弈的收益矩阵如图 2.26 所示。

		B同学	
		武大	中大
A同学	武大	30，30	70，70
	中大	70，70	30，30

图 2.26　填报志愿博弈

所以当"撞车"的代价很重时，我们必须慎重考虑怎么选择。高中填志愿选择大学是人生一个重要的转折点。一步错也许是步步错，虽然不至于"一着不慎满盘皆输"，但"小心驶得万年船"。因此这时 A 同学可以先去了解一下 B 同学的情况，如果了解到 B 同学爸妈的老家在广东，或者他们曾经在广州工作过，对中大的印象很好，那么他选择中大的可能性大些，你选择武大被录取的可能性会比你选择中大被录取的可能性大很多。我们在面对这样多个纳什均衡难以选择时，我们应该暂时跳出这个博弈，去找找一些相关信息，进而判断现实生活中这博弈的均衡会偏向哪一个均衡点。

第 3 章

威胁与承诺

动态博弈又称顺序博弈，是指博弈者轮流行动，且后行动者可以观察到先行动者的选择，并据此作出相应的对策。我们在第一章曾介绍了这种博弈的解法是逆向归纳法，即博弈第一步的选择可由最后一步的选择逐步倒推出来。本章我们着重分析威胁与承诺这两种顺序博弈。

3.1 威胁

3.1.1 我们分手吧

谈过或正在谈恋爱的同学都明白，一对恋人一旦闹矛盾，女生总喜欢提出分手。其实在大多数情况下，女生提出分手并非真正想和男朋友分手，只是想威胁男朋友，让男朋友着急，想尽办法哄她，以此来测试自己在男朋友心中的地位是否重要，并引起男朋友对她的关注和重视。如果女生用分手来威胁男生，男生会费尽心思去哄她，女生就觉得备受重视，认为男朋友对自己的感情是"真金不怕红炉火"，不仅不会分手，彼此的感情还会变得更好。然而，万一男生觉得经常哄人太累了，女朋友撒一会儿娇就没事了，于是就继续做自己的事而没有哄女生，结果女生觉得男生根本不重视她，于是两人真的分手了。女生伤心难过，男生也后悔莫及。所以，女生扬言要分手，男生不要太当真，但一定要好好哄。这个顺序博弈可用动态图来表示（见图 3.1）。

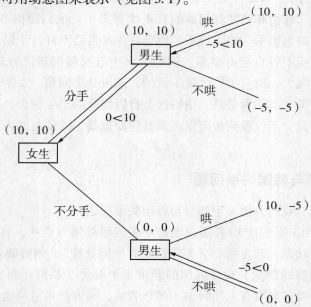

图 3.1 分手博弈（括号里左边的数字表示女生的收益，右边的数字表示男生的收益，图中箭头表示用逆向归纳法分析的思路）

在分析动态博弈时，我们一般用的是逆向归纳法，就是从博弈的最后一个阶段开始分析博弈者会如何决策，再由此推出倒数第二阶段另一个博弈者的决策，这样由后向前，依次推出博弈的每一阶段各博弈者会如何选择策略，最终得出各博弈者的收益。在这个例子中，在女生提出分手的那一分支，男生选择哄女生的收益是 10，选择不哄女生的收益是 -5，所以男生会选择哄女生。在女生不提出分手的那一分支，男生若选择哄，收益是 -5，若不哄则收益是 0；0 大于 -5，故女生不提出分手，男生是不会哄的。现在考虑博弈的第一阶段，即女生是否提出分手。如果女生提出分手，男生选择哄女生，那么女生的收益将是 10，而如果女生不提出分手，那么男生不哄她，她的收益都是 0。所以，女生会选择提出分手。

当然提分手次数多了是会伤感情的，最后甚至会弄假成真，所以女生用此招也要适可而止。此外，对一些男生，这招也要慎用。因为喜欢他的女生可能很多，分手对他的威胁不是很大，而且他自视甚高，认为女生随便提分手是不重视他对她的感情，于是两人就真的分手了。

其实男生可以大致可分三类。第一类，本身条件很差，好不容易追到一个女生，女生怎样闹自然都不是问题。现实生活中，许多时候我们见到"鲜花插到牛粪上"大都属于这样的情况。第二类，男生是比较优秀的，他们之所以比较优秀是因为凡事爱较真，而且智商较高。但他们的情商不高，于是遇到女生闹分手，一方面会气愤，另一方面会认为自己条件好，"备胎"好多，当然就不是很愿意去哄女生，结果当然是闹多了就会分手。第三类，智商和情商都很高的真正优秀男生。他们懂得不应该让女生难过，要好好爱她，让她高兴快乐。她不快乐，他会认为是自己不好，于是想办法改进，所以一定会去哄女生，而不管自己有多累。问题是女生有时候很难区分第一类和第三类男生，因为他们都会哄人。第三类男生是少见的，这也是个问题。女生们用闹这招，实际上是把自以为是的第二类归为最差，值得这类自以为是的男生深思。男生只有否定了自我，成为一个新的我，不仅做到智商很高而且情商也高，才能与恋人成为真正幸福快乐的一对。

3.1.2 朝鲜与韩国关系问题

根据新闻报道，我们分析一下朝鲜与韩国关系问题。

朝鲜政府于 2013 年 3 月 30 日通过朝鲜中央通讯社播发声明，宣布"从现在开始，朝韩关系进入战争状态，双方所有事务将以战时原则处理"。朝鲜政府实际上是以此来威胁韩国放弃对朝鲜的制裁。现今韩国的经济水平要优于朝鲜，而且韩国有美国的支持，美国国家安全委员会发言人凯特琳·海登表示，美方严肃对待这些威胁，与韩国盟友保持密切联系。自朝鲜"宣战"后，美国先后派出 B - 52 轰炸机和 B - 2 轰炸机现身军演，展现其空中远程核打击能力。一旦朝鲜真正开战，而韩国和美国联合攻打朝鲜的话，根据军事实力的差距分析，朝鲜极有可能战败，不仅无法摆脱来自韩国和美国的制裁，还将要承担由战争带来的一切损失，作为战胜国的韩国将会获得利益和对朝鲜半岛更大的控制权。如果韩国因为担心战争对国内造成的损失太大，继而影响民众的日常生活，选择向朝鲜妥协，放缓对朝鲜核问题等的制裁，朝鲜可能会顺势而上，从中夺得更多的权力和利益，韩国将会面临更大的危机。因此，韩国会选择不向朝鲜妥协，由朝鲜选择真正开战还是放弃威胁的策略。正如前面所分析的，朝鲜的军事实力和联合的韩美差距悬殊，一旦真的开战，朝鲜是很可能战败并造成极大经济损失的，所以朝鲜趋向于只是威胁韩国而并非真正开战。

　　然而，韩国也对朝鲜只是停留在威胁阶段而并非真正开战有一定的把握，所以选择不妥协。实际上如果真的开战，对韩国经济等各方面的影响也非常大，最终可能是两败俱伤，故朝鲜选择开战而韩国不妥协时双方收益是（－5，－10）。如果韩国不妥协而朝鲜选择不开战，那么由于该威胁起到了一定的吸引国际注意力的作用，所以朝鲜还是有一点收益的，我们假设为0.1。该博弈的图如图3.2所示。

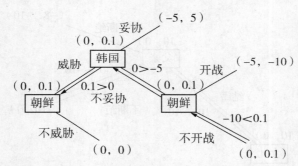

图3.2　朝韩问题（括号中左边的数字表示韩国的收益，
右边的数字表示朝鲜的收益）

　　让我们用逆向归纳法来分析该博弈。首先，朝鲜如果开战攻打韩国，则其收益是－10；如果不攻打韩国，则其收益是0.1。那么朝鲜一定会选择不攻打韩国（因为0.1＞－10）。韩国方面，如果对朝鲜的威胁妥协，则其收益为－5；如果选择不妥协，则由于朝鲜会选择不攻打韩国，因而韩国的收益为0，所以韩国在面对朝鲜威胁时会选择不妥协（因为0＞－5）。最后，若朝鲜不威胁韩国，那么其收益为0，而若朝鲜威胁韩国，由于韩国会选择不妥协，朝鲜自己也会选择不攻打韩国，所以其收益为0.1，这样朝鲜显然会选择威胁韩国（因为0.1＞0）。

　　所以最后分析的结果是，朝鲜"发狠"只是威胁一下韩国，而不会实际攻打韩国，韩国也决不会对朝鲜的威胁妥协。这个结果和实际情况也是吻合的。

3.1.3 私奔了

不知不觉，老张的女儿乐乐已经到了恨嫁之年。上周，乐乐的男朋友终于向乐乐求婚，乐乐立马答应并带着男朋友见自己的父母，希望父母答应他们的婚事。可是，乐乐的男朋友学历很低且家境贫困，暂时还没找到工作。乐乐的父亲心疼女儿，怕女儿嫁过去生活没有保障，故不让乐乐嫁给他。任凭乐乐和乐乐的母亲如何说服，父亲都极力反对，这急坏了乐乐。更过分的是，父亲还说如果乐乐坚持要和那个男生结婚，他就和乐乐断绝父女关系，以此威胁乐乐，让她与男朋友分手。

然而，和乐乐断绝父女关系这种威胁是手段没用的。若真的断绝关系伤得更重的是老爸，父女反目收益为负（－8，－10）。如果老爸想到乐乐的男朋友品性不错，吃苦耐劳，以后可能会有好的发展，退一步让他们两个结婚，乐乐得到父亲的祝福，很开心并和喜欢的男生结婚，那么收益为10，老爸还是十分担心女儿，虽然未失去女儿，所以收益为0。该博弈的图如图3.3所示。

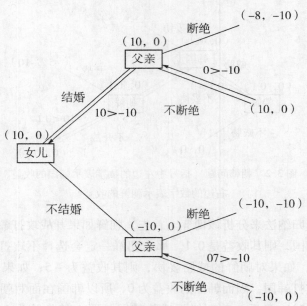

图 3.3 父女博弈（括号左边数字表示女儿的收益，
右边数字表示父亲的收益）

该博弈用逆向归纳法分析很容易得出结果：如父亲反对的话，女儿会选择私奔结婚，而父亲不会真的断绝父女关系。老爸虽然不是很满意，但是为了不失去女儿，让女儿开心，老爸只有不情愿地接受这两个年轻人的婚事，这个动态博弈的结果是（10，0）。这里用博弈来分析只是为了说明在这种情况下双方的考量，不是鼓励大家都去私奔。实际上，孩子要意识到父母不同意是出于对自己的爱，所以要对象早见父母，以免陷得太深分不了手；作为父母，也要尊重孩子的选择。

3.1.4　宝宝别哭了，妈妈抱

常言道，会哭的孩子有奶吃。宝宝刚生下来就知道向妈妈撒娇能得到一些好处，所以特别喜欢哭闹。哭得妈妈好心碎，只好说："宝宝别哭了，妈妈抱。"如果不哭，妈妈就不抱，那么宝宝一定会哭。该博弈如图 3.4 所示。

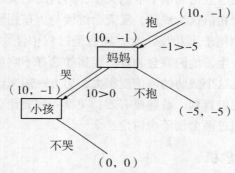

图 3.4　哄小孩博弈（括号左边数字表示小孩的收益，
右边数字表示妈妈的收益）

用逆向归纳法分析该博弈可以知道，小孩会选择哭闹，妈妈在小孩哭闹时会选择抱小孩。这是一次博弈的结果。然而，如果这是重复博弈，即该博弈要发生很多次，妈妈就会担心宠坏孩子，从而拒绝理会小孩的哭闹，这样小孩便会知道哭闹得不到任何好处，而且消耗体力，于是就不会哭闹了。不过，这里有个问题要特别注意：虽然妈妈可以用拒绝的方式让小孩变得不哭不闹，但要搞清楚小孩哭闹的原因是饿了，不舒服病了或是要换尿布了。否则，一律拒绝小孩哭闹会使小孩小小的心灵受到伤害，认为妈妈不爱自己了；长大后也不会爱别人或不懂爱是怎么回事。这在西方国家已被心理学家长期观察研究所证实。

在第一章里我们说过，爱是愿意为对方牺牲生命，这是一种强烈的爱。孩子哭了，妈妈抱抱，孩子就不哭了。孩子一天天长大慢慢便会体会到了什么是妈妈的爱，那就是一种牺牲自我为对方着想的精神。谈恋爱时双方容易为对方想着，但结婚后慢慢变得自私自利，结果有些婚姻就变成爱情的坟墓。愿天下有情人结婚后仍像婚前那样愿意牺牲自己为对方着想地相爱着，幸福生活一辈子。

3.2 威胁可信度

在前面一节，我们知道一个女孩爱上了一个男孩，想嫁给他，一生一世在一起；但女孩的爸爸怎么都不同意，还威胁说若她非嫁那人不可便断绝父女关系，但女儿不吃他那一套，直接与男孩一起领了结婚证。究其原因，女孩知道老爸这个威胁的可信度是比较低的，因为父亲与女儿毕竟是血浓于水的关系，而且断绝关系其实对双方都没有什么好处，所以女儿根本不会相信这个威胁，反而会继续与男孩相爱并结婚。

前面讲的男女朋友的例子则相反。女方在恋爱过程中经常会吵架威胁男方说要分手，此时男方选择去哄女生，他们就会和好；而假如选择不哄就可能会造成分手，其后果无疑是两败俱伤。因此这个威胁的可信度很大，男方一般来说也不敢不信。

从上述两个例子中我们看到，威胁要有效，关键做到要让对方相信，怎样才能让对方相信呢？这一节我们通过两个例子来讨论这个问题。

3.2.1 古巴导弹危机

现实生活中很多威胁人们都可以置之不理，因为人们是不会轻易相信对手所说的话，至少会认为对手所讲的话未必有那么可靠。的确，口头威胁一般是不可信的，那么什么样的威胁才是可信的呢？我们又该如何让自己的威胁变得可信呢？博弈论一方面告诉了我们威胁的可信度一般不高，是不可信的威胁；一方面又给我们提供了很多招数来提高威胁的可信度，使我们的威胁成为可信的威胁。现实生活中和商场上，甚至国家之间，都存在提出可信的威胁来达到自己的目的的情况。正所谓，事实胜于雄辩。我们的威胁为什么不可信是因为我们没有实际的行动来证明我们的威胁可信。当我们用行动来一步一步逼近那威胁时，我们威胁的可信度就会大大提高，这时对手不得不相信你的威胁。下面我们就来看看一个惊险的例子，期待一下威胁带给你的惊恐吧。

大家应该对《加勒比海盗》这部奇幻冒险的电影不陌生吧，你没看过至少都听说过。故事发生在神秘海域加勒比海，给你冒险和刺激的惊险感觉，没看过的同学们赶紧动动手指点击看看吧。当然，电影的惊险刺激比不上现实中的擦枪走火，加勒比海这神秘奥妙的海域上留下的不仅仅是海盗们的精彩丰富人生，还有差点引起核战争的震惊世界的古巴导弹危机（又称加勒比海导弹危机）。核战争一旦爆发，那么我们离世界末日是真的不远了。20 世纪最危险的惊人事件是古巴导弹危机，该事件发生在 1962 年 10 月，苏联企图在美国后院古巴布置带核弹头的导弹来针对美国，并秘密行动。

其实苏联领导人赫鲁晓夫是这样盘算的：一方面美国不会轻易发现他们在古巴布置核导弹。如果在美国发现这一事件之前已经安装和部署好了导弹，到时美国要想阻止就没有那么容易了，毕竟导弹是强有力的武力，一旦冲突，后果是不堪设想的。另一方面赫鲁晓夫认为美国人就算发现苏联在古巴布置导弹，也会持容忍的态度，因为他认为美国总统肯尼迪比较软弱，美国人是比较胆小的，为了美国人的生命安全，美国不会轻易挑起战争。然而，赫鲁晓夫低估了美国的实力和决心，苏联在古巴的导弹还没完全安装和部署成功时，美国的侦察机就发现苏联在古巴的异常动态，经过多番确认，确定了苏联是在古巴安装和部署导弹来对抗美国。美国面对着苏联的这一挑衅行为，美国肯尼迪总统立刻实施军事封锁，态度强硬，并发出威胁信号：如果苏联不在规定期限内撤出在古巴的导弹，美国将会对导弹阵地进行一次毁灭性的直接空袭，并对古巴进行全面入侵。事实上，在一次会议上，肯尼迪总统还讨论过进行空袭的时间表。在这紧张时候，美苏两个大国的领导人都在冒着生命、核战争甚至是世界毁灭的风险在进行决策。危机的形势跌宕起伏，充满了戏剧性。最终，苏联撤出了在古巴的导弹，美国也解除军事封锁，结束了这震动世界的危机。

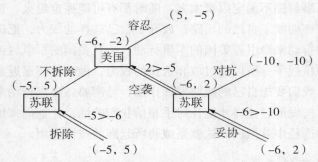

图3.5 古巴导弹危机（括号中左边的数字表示苏联的收益，右边的数字表示美国的收益）

该博弈如图3.5所示。当苏联在古巴安装和部署导弹事件曝光之后，苏联并没有及时把导弹拆除。因为赫鲁晓夫认为，如果美国的反应是空袭挑起战争，那么，苏联也许会对抗到底，引起核战争，世界性的毁灭即将来临，两败俱伤，双方的收益都是-10。同时，肯尼迪也预测到这样的情况。这情况后果是非常严重的，一般领导人不会轻易冒着这样的危险，走这一步是需要胆量的。尽管美国空袭之后，苏联也许会妥协，此时苏联收益是-6，美国收益是2。但赫鲁晓夫认为，肯尼迪没有这个胆量去冒着巨大风险走空袭那一步，因为这一步稍微有点差错就会造成震惊世界的毁灭性战争。所以苏联认为美国不会选择空袭，选择容忍是美国人保守的做法，虽有损失，至少比毁灭性战争还是好很多的，那么苏联的有利选择是不拆除。而肯尼迪则认为，如果美国容忍苏联在古巴安装和部署导弹事件，就会滋长苏联的气势，苏联的强大是会威胁到美国的，这样美国是在养虎为患，对敌人的宽容带来的是自身的毁灭。如果美国选择空袭，那么能够震慑苏联，让苏联意识到美国不是那么好惹的，让苏联知难而退，不要造成无法挽回的核

战争。何况当时美国的实力是比苏联强大的，苏联选择对抗到底，那只能是鱼死网破。苏联为何明知不可行还要去做呢？为何不给自己找条生路呢？妥协给苏联带来的收益是 −6，给美国带来的收益也就是 2，何况这事件由苏联引起，苏联没必要为了面子，为了眼前的利益，冒着风险和美国对抗到底，成为世界的罪人。所以美国认为自己的最佳策略是选择空袭来威慑苏联，让其撤出在古巴所有的导弹。

当然，古巴导弹危机的真实是美国施行军事封锁后苏联妥协，撤出了导弹。在现实生活中，所有的博弈都存在一些不确定性的因素，古巴导弹危机期间充满着大量的不确定性，充满着各种风险。这里博弈分析的只是战争的一些趋向，美国肯定不会贸然进行空袭，战争带来的只有伤害。美国要做的只要让苏联相信如果苏联不在规定期限内撤出导弹，那么美国将发动空袭。然而美国只是说说的话，苏联未必相信，那么美国要怎样才能让其相信美国的威胁，提高美国这威胁的可信度呢？军事封锁就是有利的证据，是美国人提高威胁可信度的措施。因为军事封锁会随着时间一步一步走向不可控制的地步，特别是海上军事封锁不确定因素太多，随时都有可能擦枪走火。这样美国肯尼迪总统就用海上军事封锁切断了自己的后路，放弃了自己选择的权力，把选择的主动权让给了苏联，由苏联的行动来牵引着美国的军事行动。一旦美国的军事封锁擦枪走火，那么后果就是毁灭性的核战争。所以通过放弃选择的权力，做出能够逼近威胁的行动可以提高威胁的可信度。我们要想自己的威胁发挥作用，是需要做出点行动来让博弈发展的方向趋向于威胁的方向发展，这样才能让对手相信我们的话，让他们害怕出现威胁后的结果，在走向威胁的途径中就撤回。这就是威胁所起到的威慑作用。

3.2.2　加薪事件

图 3.6 就是一个具体的加薪事件时员工和老板之间的博弈。

如果员工没有提出加薪要求，那么员工和老板之间就没有利益冲突，老板的收益都为 0，但员工心里不快，故收益为 −1。当某员工（以下简称员工）要求加薪时，老板就得考虑该不该同意员工的加薪要求。如果同意，员工涨了工资，收益是 3，老板虽损失了金钱利益，但留住了员工，收益是 −1。如果老板不同意，选择权就又回到了员工的手上。员工如果接受老板的决定，那么加薪目的没有达到，不过也没什么太大损失，收益为 0；但老板知道了该员工要求加薪的砝码还不够，不会轻易地离职，以后就可以不怎么理会他的加薪要求，收益为 1。但如果员工要求加薪的态度比较强硬，不给加薪就辞职，此时员工失去了工作，收益是 −5，老板失去了员工，收益为 −3。

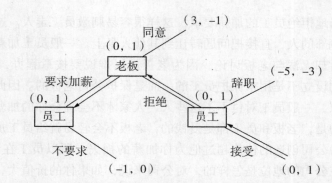

图 3.6　加薪事件博弈（括号中左边的数字表示员工的收益，
括号中右边的数字表示老板的收益）

有人也许会反问，如果员工另外有一份好的工作等着他去做了，那么辞职的收益就会高了。可现实生活中，如果真的有一份好的工作等着他去做，一般人为了自己的利益，是会主动离职的，而不会费口以辞职来威胁老板，以求加薪。员工与老板的博弈过程究竟是怎样的呢？员工是这样想的：如果老板不要求加薪，那么，自己的薪资有可能永远都不会涨上去，自己上班干活就多没劲啊，自己的才能换来的只是那么点工资又是多么的不值啊（即收益为 −1），所以员工是会要求加薪的。但要求加薪，老板不一定同意啊，如果同意自然是好，不同意怎么办呢？当老板拒绝加薪要求时，如果员工接受了，那么以后要加薪要求被同意就更难了；员工不接受的话，就只能用辞职来表明自己加薪的决心。但一时找不到工作怎么办？这风险还是蛮大的。但如果你自觉对公司贡献大，缺了你，公司会有较大损失，那么，你可以要求加薪。另外，老板知道辞职对你没有好处，但你却提出加薪了，老板也许会想你是否有其他底牌，他不敢冒险，于是就会给你加薪。同样，老板在员工要求加薪时也是比较纠结的，如果同意加薪，自己的利益就会有所损失，甚至会造成更多人提出加薪要求；如果拒绝，员工辞职的话，自己就损失了一名员工为自己创造利益。

所以，员工要想在这博弈中取得胜利，应该要让老板相信，如果老板拒绝员工加薪要求，员工真正就会选择辞职那条道路，让老板得不偿失。可如何让老板相信员工会选择辞职呢？这时需要员工做出点行动来提高威胁老板辞职的可信度，这时员工可以用确实的证据向老板显示，有另外一家公司准备挖墙脚把自己挖过去，并做好随时离开公司的准备；或者就是切断自己的退路，向办公室的同事告知你要求加薪这件事，如果老板不给自己加薪就辞职，同事们是自己的见证人。这样的话，老板不得不相信员工已经做好辞职的打算了，因为如果不加薪，员工是没有脸面继续留在办公室工作的。

当然，作为老板，面对着员工要求加薪，同样也有对策：要是想拒绝员工的加薪要求，同样需要做出点行动来让员工相信你是会拒绝加薪要求的。如果想留住那员工，就

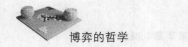

不能轻易直截了当地拒绝员工的加薪要求，这样很容易刺激员工走人。这时可把加薪的权力交给人力资源部的人，直接把问题转让到其他人身上。一般员工加薪要看自己对老板的价值，但此时却无法与老板讨论，因为老板可以推说要按章程办，得找人力资源部。人力资源部的设立不是用来保护员工的，而是保护公司老板的。因此人力资源部的人员都是扯皮专家，一般员工对付不了这些人，人家才不会理会你的加薪要求。

这需要提醒的是，老板和员工都是爱钱的，老板不会轻易就给员工加薪的，除非能让老板相信，你为公司创造的价值超过他为你加薪的损失。所以员工在和老板博弈时，首先得知道自己在公司的地位是怎样的，对公司来说，如果你的价值大，你的威胁才可能会让老板留住你，并且要让老板知道你辞职后不会找不到好工作，你的不加薪便辞职的威胁才能达到老板为你加薪的目的。因此，要抓住能够震慑到对方的威胁，尽可能提高那威胁的可信度，这样你就可以发挥威胁的作用，达到自己想要的目标。

3.3　承诺

威胁其实是一种负能量的博弈，它使双方都不愉快，博弈者不得已是不会采用的。与威胁相反的是承诺，承诺是一种正能量的博弈。

承诺和威胁都是在动态博弈中的一个博弈者对另一个博弈者的行动做出的回应。承诺是奖励那些按照你的意愿行事的博弈者，而威胁则是惩罚那些不按照你的意愿行事的博弈者。承诺与威胁实际上其本质为一种回应的规则，需要注意的是如果你在博弈中是处于后面做出决策的那个博弈者，这些回应的规则必须在另外的博弈者做出自己的决策之前做出来，而且这个规则也必须要实施出来；否则，可信度就会大幅度降低。

前面讲的都是一些与威胁相关的例子，以下举一些与承诺相关的例子。

3.3.1　宝宝乖，妈妈就有奖

在每个人小的时候，爸爸妈妈都会对我们做出承诺，如果我们能够乖乖的，就会给我们一些我们满意的奖励，比如，买个心爱玩具或者去儿童乐园玩一次等，这些承诺非常有效。对于父母来说一点小礼物就能让孩子乖乖的，对于孩子来说只要乖乖的就能得到他们想要的东西。所以，双方都能得到自己想要的结果。

同样，在职场当中，为了提高员工的积极性，公司老板经常会采取承诺的方式，表示会奖励表现好的员工，并且要给予其奖金的奖励，这个承诺的可信度是很高的，老板不会为了这么一些小事而不守信。所以，这个办法能够很有效地激励员工，提高他们的主观能动性。

3.3.2　租自行车要交押金

多数同学应该都租过自行车去游玩，在租自行车去游玩的时候就会遇到承诺的情况。作为一个租车者，你是需要向租车主承诺在你游玩之后会把自行车归还给他的，这样租车主才会把车租给你。但你这时如果只是口头承诺，这承诺是没什么可信度的，租车主是没法相信你的，因为要是你骑着自行车跑了，那么租车主的损失是很大的。所以，你要想让你的承诺可信，就需要向租车主交一定的押金。这时，就算你骑着自行车跑了，你那押金是能够弥补他自行车的损失的，反而你用你的押金换来那自行车也许是不值得的。该博弈如图 3.7 所示。

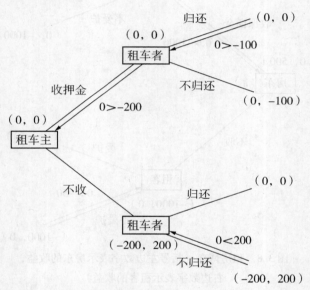

图 3.7　租车博弈（括号左边数字表示租车主的收益，
右边数字表示租车者的收益）

现实生活中，人都是比较实在的。因为在不交押金的情况下，租车者骑车跑了的可能性比较大，这样租车主的损失可就大了，因此租车主是肯定要收押金的。作为租车者的你是需要通过交押金这一行动来承诺你会归还自行车的，不然，这交易无法进行。

3.3.3　租房先交保证金

大学毕业之后的你在想要租房子的时候也会遇到承诺的情况。作为一个租客，你需要向房东承诺你会爱护房子并交保证金，房东才会让你入住，这是因为你交了保证金给房东，你的承诺的就更可靠，这样房东也能更相信你，会放心地把房子租给你。如果你不愿交保证金，只是口头向房东许诺说你会爱护房子，希望房东不要收保证金，那么你

这许诺的可信度是比较低的。因为爱护房子你的收益为 –50，而不爱护房子你的收益为 0。因为你没有做出交保证金的承诺时，房东是不会冒着牺牲自己的房子来获得你那一点点的租金的，这是不值得的。所以租客要想让房东租房给你，让房东相信你会爱护房子，那你必须交保证金来向房东承诺。也就是说，你只有向房东交保证金来承诺你会爱护房子时，你那承诺才变得可信。该博弈如图 3.8 所示。

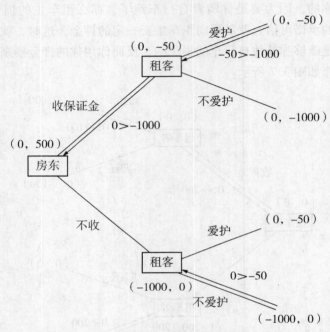

图 3.8　租房博弈（括号左边数字表示房东的收益，右边数字表示租客的收益）

不过，这租房博弈与租车博弈有一点是不同的，租车博弈持续的时间一般在一天之内，而租房这一博弈持续时间是比较长的，作为租客的你就会再细想一下，房东到时会不会真的把保证金还给你呢？为啥房东会不相信租客在没有交保证金的情况下会爱护房子呢？既然房东要收保证金才相信你会爱护房子，那么房东又该承诺点什么才能让你相信他会把保证金还给你？这时尽管房东会口头承诺说，只要你爱护房子，退房的时候一定会把保证金给的。但是你依然不会相信房东到时一定会真的把保证金还给你，因为这承诺的可信度太低了，并且爱护一词是有程度之差别的，怎样才算爱护房子，怎样又算没有爱护，究竟房东会在什么情况下才会还给你保证金？如果房东不进一步给出点可信的承诺或者行动的承诺来，也许你就不会交保证金，至少心里会质疑房东那承诺。这时房东会采用合同的方式来向你承诺，只要你爱护房子就会把保证金退还给你，也会把爱护的那些标准细节写进合同之中；也只有这样，双方才能都相信对方。所以，现实生活中房东租客双方的口头承诺是不太可信的，只有做出实际行动来承诺，那承诺才是可信的。这也就是为什么租个房也需要签个合同，需要有法律这个第三方来保证。

　　当然，人性是多样化的，尽管利益在人们心中占据很大比例，可是情感也是人们生活中不可缺少的，人不只是理性的经济人，更是一个有着情感的感性人。人脉关系的建立靠的不仅仅是所谓的利益，人的声誉和人的情感对其影响很大。租房例子中，当房东和租客是好朋友或其他亲密关系时，他们是比较信任对方的，因为他们早已熟知对方，都知道对方是什么样的人。所以他们之间的承诺的可信度对双方来说是很高的，他们其实是用以前的行为来为现在的承诺作担保，有此保证，他们之间就没必要一定要采用保证金或者合同的方式来给对方承诺。由此可见，承诺以各种各样的方式存在于我们的生活中。

3.3.4　创业风险投资

　　我们看一下商业中一个比较好理解承诺的例子，那就是创业风险投资博弈。现在提倡大学生创业，在这个创业投资的过程中，投资者如何在这些大学生创业者之中选择呢？创业的大学生又该怎样才能让投资者相信并让投资者愿意投资？如何来提高创业者会好好经营的可信度呢？这里告诉大学生创业者一个简单有效的方法就是自己也要出资，并且尽可能提高你出资的金额数，创业者出资越多，投资者可能越愿意投资。创业者出资的金额数量一定程度上代表了你承诺可靠性的高低，也代表了你承诺成本的高低。因为创业者如果不好好经营的话，他出资越多，那么损失也就会越大。反之，如果创业者出资越多，那么他就会更努力地好好经营，让自己获得更多利益，避免经营失败后的巨大损失。面对这样的创业者，投资者也会有很大的信心相信创业者会好好经营，而不是让他的钱白白地打水漂。所以要想提高你的承诺的可信度，你需要让你的承诺花费点成本，只有这样，别人才会相信你有动力去做好你许诺过的事情。

3.3.5　最低价承诺

　　在日常的商业行为中也有着承诺存在的，同类型的商家之间通常会形成价格联盟，即他们会相互之间做出承诺自己的商品不会降价。这个承诺在所有商家都是理性的情况下应该是可信的，因为他们知道只要自己降价，别人也会跟着降价，这样自己不仅不会获得更多的利益，反而有可能会减少收入，因此大家就都不会降价了。但是需要注意的是在现实生活中由于商家并非完全理性等因素，这个承诺并不是完全可信的。你要想让承诺发挥作用，那么关键是要让你的承诺花费点成本。

3.3.6　承诺与威胁的异同

　　在某些时候，威胁和承诺的界限其实是很模糊的。有一个例子就能很明显地体现出

来，比如，你遇到了歹徒袭击，歹徒向你做出承诺，只要你能够交出你的钱财，他就能够保证不伤害你。这其实隐含了他没有明显表露出的威胁：如果你没有交出你的钱财，你就会受到伤害。正如这个故事一样，威胁和承诺的界限也许仅仅只是在于你怎么去称呼它。

威胁和承诺有两个重要的特点：一点就是清晰性，假若对方并不清晰地知道你的承诺或者威胁，那么也就谈不上让对方按照你的意愿去行动了。第二个则是确定性，假若你做出了威胁，那么你一定要让对方确信假使对方不遵照你的意愿行动，那么，你的威胁就一定会变成现实。如果你的威胁在最后是不可实现的，那么这就变成了一个不可置信的威胁，这样对方就不会按照你的意愿去行动，你的威胁也就没有什么用处了。如果你做出承诺，一定要让对方知道如果你不遵守承诺，对方一定可以惩罚你（如不退还保证金）。这样，你背弃承诺也得不到好处。所以，威胁或承诺一定要是可实现的，只有这样，博弈才有可能得到你所需要的结果，让每个博弈方都尽可能获得了最大利益。

3.4　嵌套博弈——潜在的威胁或承诺

嵌套博弈是指一种一个博弈被蕴含在另一个博弈之中的情况。这另一个博弈是潜在的难以意识到的一种威胁或承诺。

在现实生活中，我们知道人并不总是理性的，但事实上，对于处在博弈之中的当事人来说，任何一个选择对于当时的博弈者来说肯定是理性的选择，博弈者选择一个策略是有理由的，不管他看到的短期的眼前利益，还是长远的利益，不管他看到的是个人利益，还是集体利益。当然，这里的理性不是说为了博弈者的个人利益，而是说对于博弈者关心的利益而言，在他看来，选择他所选择的那个策略时他所关心的那个利益是最大的。

那么，为什么在很多博弈中，博弈者的行为在局外人看来是那么的不理性呢？这个在我们看电视剧时，应该很有感触。作为观众或者旁观者，我们看到电视剧里的那些反面人物总是因为在剧中的博弈中选择了看上去不理性的行为，从而造就了无法挽回的悲惨人生。然而我们也应该知道，每个人所关心的利益不同，每个人想要的东西也不同，每个人看到的东西也不一样。其实那些反面人物他们在选择时看到的是他们选择之后成功的结果，明知有失败的风险，却还是忍不住去尝试。带着希望寻求成功，我们能说他们不理性吗？有时候确实有些目标是不正确的，很多人没有全局观，在很多时候看到的只是局部利益或短期利益，而没有想到这后面隐藏的集体利益和长远利益。用博弈论的话语来说，很多博弈之间是有联系的，不是孤立的，有些博弈者只是看到某个博弈格局，而没有观察到那个嵌套这个格局的更大博弈。也就是说，有些与当前博弈相关的博弈可能被隐藏了，博弈中的博弈者没有看到这博弈之外的博弈，所以根据当时的博弈来做选择，但却不知道，当把那局外的博弈放进来考虑的时候，之前的选择不是自己的最优选择。因此，有时候我们在博弈时，眼光要长远一些，视野要宽阔一些，这样才能看到与当前博弈相关的一些博弈关系，这样才能进一步保证自己的选择是最优选择。换言之，我们在看待事情时，不能只看到事情的某一面，要看得全面点、长远点，因为我们的人生不是那么一个短暂的博弈，人生不是那么简单的单个博弈，我们身处于复杂多样的一个套一个的博弈之中。

下面我们来看一个君臣下围棋的嵌套博弈的例子。明朝开国皇帝朱元璋可谓聪明而有远见。有一次朱元璋约了开国元勋刘伯温下了一盘以天下作为赌注的围棋。当时朱元璋对刘伯温说："今天请你来，是想与你下盘棋，赌注是大明江山。这盘棋你赢了，大明江山就归属于你。"要知道，伴君如伴虎，大明江山可不是能够随便开玩笑的。更何况刘伯温是当时名副其实的围棋棋圣，论起真实的实力朱元璋当然下棋下不过刘伯温。那么，朱元璋为何这么傻跟一位棋圣下一盘棋来放弃辛苦打下的天下？那就让我们用博弈论来分析一下其中的奥秘。

在围棋的世界中，双方的地位都是平等的，双方遵守围棋规则，根据自己的实力来决定输赢。如果朱元璋和刘伯温只是作为棋手很平常的下一盘棋，那么，他们的博弈如图 3.9 所示。

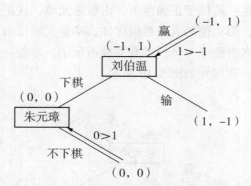

图 3.9　围棋博弈（括号左边数字表示朱元璋的收益，
右边数字表示刘伯温的收益）

朱元璋作为皇帝，只有他想跟刘伯温下棋的时候，他们才会下棋，下棋的选择权是在朱元璋手上。如果朱元璋不和刘伯温下棋，那么双方没有输赢，双方的收益都为 0。如果朱元璋选择要和刘伯温下棋，刘伯温要是赢了，保住了棋圣的地位，证明自己的实力，收益为 1，朱元璋输了棋，失了点面子，收益为 -1；刘伯温要是输了，那么棋圣地位不保，收益为 -1，朱元璋打败了所谓的棋圣，收益为 1。需要说明的是，这里的收益只是在棋盘上对于棋手输赢的一个代表。下棋在我们看来就是一场小博弈，结果展

博弈的哲学

示给我们的只是双方在下棋方面的实力强弱。朱元璋明知道刘伯温的棋艺高强，和他下棋，输的机会是比较大。那么为何竟然还敢拿大明江山作为赌注要和刘伯温下棋呢？

那是因为这里有个局外之局，那就是他若输了，他可借刘伯温要夺他的江山而杀刘伯温。有了这个潜在的威胁，刘伯温必须让他赢。在实际下棋的过程中，朱元璋为自己投下了关键一子，以为自己赢的定局已定，却没想到，竟然落入了刘伯温的埋伏之中。朱元璋的黑棋貌似咄咄逼人，其实却是危机四伏，只要刘伯温的白子让中间那里一落，朱元璋就彻底输了。刘伯温的棋圣称号并非虚有其名，怎么会看不出这一步的棋势。作为棋手，在这个时候刘伯温肯定是毫不犹豫地落下那白子，赢得棋局。可是作为臣子的他，犹豫了一下之后，刘伯温紧张的神情露出了一些笑容，他手一松，白子落入了瓷罐，弃权不玩了。

棋局就这样了成了定局，似乎这是刘伯温的一大遗憾，江山没了不说，连棋圣的声誉能不能保住也是个问题，可事实是刘伯温走了正确的一步，一枚棋子拯救了自己的生命。现实世界要比围棋世界复杂很多，在这棋局之外，还有一个权力政治上的博弈或者说还有一场生死博弈。棋局之外的博弈中的博弈者双方有地位的悬殊、有权利的差异，毕竟朱元璋是皇帝，刘伯温是臣子，赌注更是大明江山。这样的下棋就不仅仅是在下棋啦，实际上朱元璋借助下棋来试探刘伯温。不管结果如何，他都会击败或者除去刘伯温，他认为刘伯温试图保全名声和性命，可这二者是无法兼得的。刘伯温最后那颗棋子选择决定着刘伯温的命运：若棋子正确落下，击败朱元璋，这是他应有的权利，但如果朱元璋一反悔恼羞成怒，那么他的人头难以保住，毕竟大明江山重于泰山；若刘伯温故意留下败局，则棋圣的名声毁于一旦；唯有弃权不玩了，才能一定程度上既保住了棋圣名称又保住了自己性命。该博弈如图 3.10 所示。

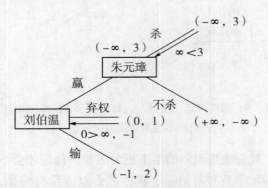

图 3.10　生死博弈（括号左边数字表示刘伯温的收益，
右边数字表示朱元璋的收益）

以图 3.10 可见，若是刘伯温输了，这样朱元璋击败了刘伯温，收益为 2，刘伯温的棋圣名声毁了，收益为 -1。如果刘伯温赢了，朱元璋会选择杀或者不杀刘伯温。如

64

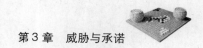

果杀了，朱元璋就除去了刘伯温，收益为 3，刘伯温不仅没得到大明江山，反而断送了自己的性命，收益为无穷小（ − ∞ ）。如果不杀，那么朱元璋得把大明江山给刘伯温，收益为无穷小（ − ∞ ），刘伯温不仅保住了性命还得到了大明江山，收益为无穷大（ + ∞ ）。

　　明白人都知道，朱元璋怎么会傻到把辛苦打下的大明江山这么轻易给别人。因此刘伯温赢了之后的结果就是被朱元璋给杀了，那还不如弃权不玩了，即可保全性命，棋圣名声又不至于完全败坏，让自己的损失最小。所以，在围棋博弈之外蕴藏着刘伯温的生死名声博弈，可不能轻易看待棋局的结果。换句话说，在这个下棋博弈的基础之上刘伯温还要考虑朱元璋很有可能在刘伯温下棋赢了自己之后恼羞成怒下令将刘伯温杀了的这一潜在威胁，所以刘伯温不能想当然地真正地下棋赢了朱元璋。这就是一个围棋之间输赢的博弈嵌套在关于刘伯温生死和名声的博弈之中的嵌套博弈。

　　所以，在现实生活博弈时，我们一定要注意到是否有潜在的威胁或承诺，从而做出正确的选择。平常导师叫研究生帮助处理一些杂事，实际上也有一潜在的承诺，那就是当时机合适时老师会多关照这位同学。实际上，老师的时间是有限的，若亲自处理各种杂务，就没有多少时间去帮助学生。可惜许多研究生、博士生意识不到这种嵌套博弈，结果失去了导师有力的支持。

第 4 章

蜈蚣博弈

本章我们来讨论第二种动态博弈问题——蜈蚣博弈。

蜈蚣博弈最早是由罗森塞尔在 1981 年提出来的，其扩展型很像一条多脚的蜈蚣，故称之为蜈蚣博弈。在蜈蚣博弈中，博弈双方轮流进行策略选择，而可供选择的策略只有两种，例如合作或背叛。

4.1　基本形式及解法

我们来看一个具体的例子。假设企业 A 生产，企业 B 选择合作还是背叛；接着轮到 B 生产，A 选择合作还是背叛；再次轮到 A 生产时，B 选择合作还是背叛……如此交替博弈，重复 n 次（n 为偶数因为 A、B 选择合作还是背叛的次数要均等）。如果在 n 次博弈中，两人都坚持选择继续合作（最后一次 B 生产，A 还选择合作）的话，最终就会共同获得 n 份收益。但是，如果第 i 次博弈中，有人选择了背弃生产方，带着当前生产出来的全部利益 i 离开，那么被背叛的生产方收益将为 0。

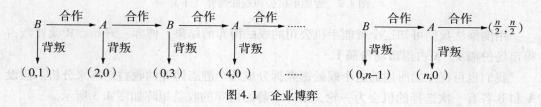

图 4.1　企业博弈

这个博弈如图 4.1 所示，博弈从左往右进行，向右的箭头表示合作策略，向下的箭头表示背叛策略，"↓"下方的括号表示选择方选择背叛后，博弈结束各方的收益情况，括号内左边为 A 的收益，右边为 B 的收益。

如果按倒推法分析以上的蜈蚣博弈则有：

（1）在第 n 次博弈中，B 生产，A 进行选择。A 如果选择背叛，将会获得整场博弈的最高收益 n；如果选择合作则会面临与 B 共同分享 n 份收益的局面，在最终收益均分的情况下，获得收益 $n/2$，所以 A 选择背叛的策略显然优于选择合作。

（2）倒数第二步，B 想到 A 在下一步必然会选择背叛，所以不如在这一步先背叛 A；这样不仅能获利更多，还能避免在下一步被 A 背叛，毫无收益。所以，B 在倒数第二步就会选择背叛。

（3）倒数第三步，A 想到 B 会认为自己在最后一步背叛他，故会在倒数第二步提前背叛自己。因此在倒数第三步 A 的理性选择就应该是背叛。

如此这般倒推，一直推至第一步，B 的理性选择当然是背叛。结果对双方而言都是很惨的，A 什么也没得到，B 也只得到 1。

博弈的哲学

我们可想象在当今智能手机市场竞争力激励的情况下，有两家智能手机公司考虑要不要合作扩大经营，占领更大的市场份额。小公司 A 首先表示希望合作的意图。如果 B 选择合作，它们两家总共占领的市场份额就由原先的 5 变为 10；如果 B 选择不合作，B 单独占领的市场份额为 4，A 单独占领的市场份额只有 1。第一次成功合作后，A 得到了良好的发展，到第二个季度，由 A 选择要不要继续合作，如果 A 此时放弃了合作，那么 A 能占领 8 个市场份额，而 B 被背叛后只占 2 个市场份额；如果 A 选择继续合作，那么它们共同占领的市场份额将会由 10 变为 15。如此下去，A、B 两家公司一共有四次的选择机会。四次合作结束后，它们共同占领 20 个市场份额，这时候进行最后的收益分配，如果 A 占 x 份（$x \in [0, 1]$），那么 B 就占 $1 - x$ 份。为了方便分析我们先来假设最后的收益是平均分配的，各占 10。这个博弈如图 4.2 所示。

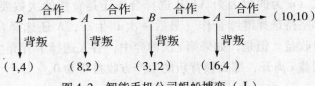

图 4.2　智能手机公司蜈蚣博弈（Ⅰ）

用倒推法我们可知这个智能手机公司的蜈蚣博弈的结果，博弈一开始，B 就背叛占得市场份额 4，A 占得市场份额 1。

我们也可将上面所述的这个蜈蚣博弈拆分成几个静态博弈的收益矩阵来分析。假设 A 和 B 各有一次选择的机会为一轮，第一个静态博弈的收益矩阵如图 4.3 所示。

		B	
		合作	背叛
A	合作	5, 5	1, 4
	背叛	8, 2	1, 4

表 4.3　前两次的智能手机公司蜈蚣博弈

（1）按静态博弈进行分析。在前两次里，两者都选择合作的情况，A 和 B 总共可收入 10，平分各收益都为 5，A 必然会倾向于选择背叛以便获得更高的收益 8。B 在分析策略时还会想到下一步 A 必然选择背叛。所以，B 会首先选择背叛，最终导向矩阵右下角的选项。这种类型的博弈就是第二章分析过的单稳定纳什均衡点静态博弈。

（2）按第二章所提到的混合策略分析。假定 A 以 p 的概率选择合作，即以 $1 - p$ 的概率选择背叛；再假定 B 以 q 的概率选择合作，即以 $1 - q$ 的概率选择背叛。再记两人的收益的数学期望分别为 P 和 Q，易知 P 和 Q 都是 p 和 q 的函数：

$$P(p) = 5pq + 8(1 - p)q + p(1 - q) + (1 - p)(1 - q)$$

$$Q(q) = 5pq + 2(1 - p)q + 4p(1 - q) + 4(1 - p)(1 - p)$$

整理后，得：

$$P(p) = -3pq + 7q + 1$$

$$Q(q) = (3p - 2)q + 4$$

由于只有 p 和 q 都取 0 的时候，才有公共解，因此这个博弈只有一个纳什均衡点，A、B 选择合作的概率都为 0。唯一的纳什均衡点就是 B 在第一轮博弈就选择了背叛，$P(0) = 1$，$Q(0) = 4$。即 A 的收益为 1，B 的收益为 4，博弈结束。

4.2　蜈蚣博弈悖论

蜈蚣博弈悖论是由倒推法得出来的，而这个倒推法就像是下围棋一样，你需要向前展望思考猜测对手的意图，从而向后推理觉得自己的这一步应该走到哪里去，形成一条推理路线，假如我那么走，对手会怎么做，而若对手那样，我又应该怎样做。这样子下来，只要遵循"向前展望—倒后推理"的办法，你就能找出最佳的行动方案来，这就是倒推法的好处。但是倒推法也并不是完美无缺的，在一定的条件下和一定的范围内，它也有不适用的时候，蜈蚣博弈悖论就由此而产生了。

4.2.1　案例

如同图 4.4 所示博弈有两个博弈者 A 和 B，他们选择"合作"或"不合作"。假设 A 先选，然后是 B 选，接着又是 A，如此交替进行。而 A 和 B 一共进行了 100 次的博弈。

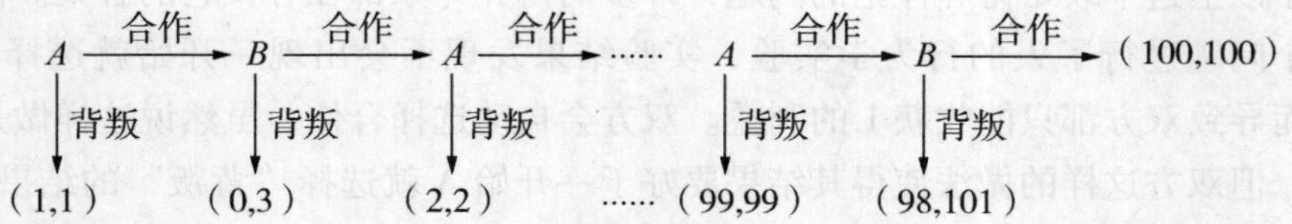

图 4.4　蜈蚣博弈

在图 4.4 中，博弈是从左到右进行的，横向连杆代表着合作的策略，而向下的连杆代表不合作的策略。每个人下面对应的括号代表相应的人采取不合作策略，博弈结束后各自的收益，括号内左边的数字代表 A 的收益，而右边的数字则代表 B 的收益。如果从一开始 A 就选择了不合作，则两人各得 1 的收益。而 A 如果选择合作，则轮到 B 选择。B 如果选择不合作，则 A 收益为 0，B 的收益为 3。如果 B 选择合作，则博弈将会一直继续进行下去。

那么，A、B 两者将会如何来选择他们各自的策略呢？

蜈蚣博弈的特别之处就在于当 B 在最后一步也就是第 100 次博弈时要在"合作"与"背叛"两个策略之间做出选择的时候，"合作"给 B 带来的收益是 100，而"背叛"所带来的收益却是 101。假如 B 是一个绝对理性的人，那么他就一定会选择"背叛"的策略来获得更大的利益。但是在第 100 步以前先要经过第 99 步，此时是 A 做出策略的选择。在此时 A 会考虑到 B 在第 100 步时会做出"背叛"的策略选择。因此，A 的最优策略就是先选择"背叛"，因为如果选择"背叛"A 的收益是 99，而若是选择"合作"那么收益就只有 98，这样比较 A 肯定也会选择"背叛"了。但是 A 想到的这些 B 同样也能在第 98 步时想到，因此 B 也会先选择"背叛"。于是，以此逻辑一直倒推下去，那么最后的结果将是在第一步的时候 A 就不会选择"合作"这个策略，此时各自的收入都将会只是 1，远远小于最后大家都一直选择"合作"的策略时大家所获得的收益。

在这个博弈之中，得出的结果无疑是可悲的。虽然从逻辑推理的方面来看，倒推法是很严密的，但是从结论来看却是违反直觉的。直觉告诉我们，如果按照倒推法的结论一开始就采取"背叛"的策略获取的就只有 1 的收益，但是如果一直采取"合作"的策略却有可能获取到 100 的利益。虽然一开始如果 A 采取"合作"的策略有可能会得到 0 的收益，但是 0 或者 1 和 100 相比实在是太小了，几乎可以忽略不计。所以，直觉告诉我们应该在一开始采取"合作"的策略，但是逻辑或者说理性却告诉我们应该在一开始采用"背叛"的策略，那么究竟是倒推法有问题呢？还是说自己的直觉出了问题呢？

4.2.2　蜈蚣博弈悖论的解释

对于以上这个蜈蚣博弈悖论的问题，许多的博弈专家都在寻找它的答案。西方有专家对这个问题进行了人的行为学实验，实验结果发现不会出现一开始就选择"背叛"的策略而导致双方都只能收获 1 的利益。双方会自动选择合作，虽然说这样做是违反倒推法的，但双方这样的做法使得其结果要好于一开始 A 就选择"背叛"的结果。

虽然这样做看起来使得倒推法的正确性受到了怀疑，但是我们可以发现即使是双方一开始选择了合作，但是这种合作也不可能一直坚持到最后一步，而一个完全理性的人一定会因为自身利益的考虑而在某一步上采取背叛的策略。倒推法肯定会在这一步上起到作用，而只要这个一起作用，合作就将结束不能进行下去。因此，参加这个实验的博弈者并不会在开始的时候确定他的策略为背叛，但是，他会在将来的某一步背叛，只是这一步很难确定到底从什么地方开始。

我们不难得出下面这个比较公允的结论出来：蜈蚣博弈悖论的产生其实是源于倒推法的适用范围的问题，也就是我们一开始所说到的倒推法只是在一定的条件以及一定的范围内起到作用。在某些时候一些并非理性的行为反而能够获得最大化的利益。所以，我们在日常生活中考虑问题的时候也一定要考虑到这一点。

　　无论是倒推法、静态分析，还是混合策略分析，得出的结论都十分一致地认为在博弈的第一步，选择方就会决定背叛，从而结束博弈，从逻辑的角度看，这是最理性的选择。然而我们初始收益和最终收益的差距扩大，如第一次博弈 B 就选择背叛，B 的收益为 1，如果 B 坚持采取合作性策略有可能获得的收益是 100，1 与 100 相比起来显得微不足道。所以一开始就选择背叛怎么看都有违常理。

　　一些心理学家做过实验研究，发现在现实生活中博弈双方不会一开始就选择背叛而导致双方收益仅为（0，1），这与上述三种分析方法得出的结论相悖。一开始选择合作优于一开始就选择背叛。但是，就算博弈的双方开始时都采取合作策略，可这种合作是坚持不到最后一步。这是因为只要博弈者都是理性的，即完全自私自利的，当博弈进行到某一步，出于自私自利的考虑一定会背叛。如果利益达到 40，双方都觉得勉强能够满意就会选择背叛，从这一步起倒推法、静态分析和混合策略分析就开始起作用；如果利益低于 40，双方对收益不满意，就一定会采取合作策略。合作策略从倒推法、静态分析或混合策略分析起作用开始就不能继续进行下去了。这样的描绘更接近于现实情况。

4.3　解决蜈蚣悖论的方法

　　这一节我们来讨论现实世界中可以用什么方法解决蜈蚣悖论。

4.3.1　用法律和声誉来约束

　　为了避免博弈双方在博弈的任意阶段选择采用背叛策略，我们可将背叛造成的道德损害加入收益的考虑中。

　　如果在前文提到过的两个智能手机公司的博弈例子中，加入背叛造成的道德损害，背叛的一方在商界的信誉降低，在消费者心中的企业形象滑坡，导致了相当于 6.1 份市场份额的利益损害。蜈蚣博弈的展开就变成如图 4.5 所示。按照倒推法分析，在最后一步的时候，如果 A 选择背叛，那么收益是 9.9；如果 A 选择合作，那么收益是 10。所以这一步 A 一定会选择合作。倒数第二步，如果 B 选择了背叛，那么收益是 5.9；如果选择了合作，那么预期收益是 10，因为 A 在下步不会选择背叛。所以，这一步 B 也一定会选择合作。如此类推，A、B 必然会从始到终都坚持选择合作。

　　由此可见，只要加入关于声誉损害的考虑，使得最后每人的收益都比前面任意一次选择背叛的个人收益高，就能保证双方坚持合作。

B $\xrightarrow{\text{合作}}$ A $\xrightarrow{\text{合作}}$ B $\xrightarrow{\text{合作}}$ A $\xrightarrow{\text{合作}}$ （10,10）

↓背叛 ↓背叛 ↓背叛 ↓背叛

（1,–2.1） （1.9,2） （3,5.9） （9.9,4）

图 4.5 智能手机公司蜈蚣博弈（Ⅱ）

在现实的经济生活中，为了避免某一方中途背叛，还能利用法律的约束力，在双方合作前签订合同，要求背叛方赔偿另一方高额违约金。违约的一方必须将相当于 6.1 份市场份额钱补偿给另一方。于是，这蜈蚣博弈的展开再次发生变化，如图 4.6 所示。

B $\xrightarrow{\text{合作}}$ A $\xrightarrow{\text{合作}}$ B $\xrightarrow{\text{合作}}$ A $\xrightarrow{\text{合作}}$ （10,10）

↓背叛 ↓背叛 ↓背叛 ↓背叛

（7.1,–2.1） （1.9,8.1） （9.1,5.9） （9.9,10.1）

图 4.6 智能手机公司蜈蚣博弈（Ⅲ）

可见，在最后一步，如果 A 选择了背叛，只能获得 9.9 的利益，比合作获得 10 的利益低，所以 A 会选择合作，此时 B 得 10；倒数第二步，B 若选背叛则得 5.9，不如选择合作得 10。如此这般倒推下去，显然，合作双方每步都不会愿意做违约的一方。

4.3.2 做大蛋糕并合理分配

如果将两家智能手机公司合作的例子稍作修改，将每次合作后所占的市场份额变为前一次博弈后所占的市场份额的两倍。也就是第一次是 5，第二次是 10，第三次是 20……如此类推第五次两家智能手机公司共同占领的市场总份额已经达到 80，平均每家公司分得 40，如图 4.7 所示。

B $\xrightarrow{\text{合作}}$ A $\xrightarrow{\text{合作}}$ B $\xrightarrow{\text{合作}}$ A $\xrightarrow{\text{合作}}$ （40,40）

↓背叛 ↓背叛 ↓背叛 ↓背叛

（1,4） （8,2） （4,16） （32,8）

图 4.7 智能手机公司蜈蚣博弈（Ⅳ）

最后一步，如果 A 选择了背叛，那么，A 只能占 32 的份额，低于继续合作能分得 40 份。40 份市场份额比任意前一次博弈后各自的收益都要高，所以只要合作能够获得足够高的收益，能把蛋糕做得比独自经营要大得多，就没有任何一方会选择背叛。接着，我们尝试将每一方 50% 的分配方案改为（20%，80%），如图 4.8 所示。就像这样稍微地把分配方案改变一下，情况就完全不同了。虽然 A 和 B 合作能把蛋糕做到 80 份这么大，但是由于分配不均，A 选择背叛的收益比选择合作最终收益的 20% 要多，所以 A 会选择背叛。于是，根据倒推法，B 还是一开始就会选择背叛。因此，即使有做大的蛋糕，也必须配有合理和公平的分配方案，才能让 A、B 双方坚持采取合作的策略。

```
B ──合作──→ A ──合作──→ B ──合作──→ A ──合作──→ （16,64）
│           │           │           │
背叛        背叛        背叛        背叛
↓           ↓           ↓           ↓
（1,4）     （8,2）     （4,16）    （32,8）
```

图 4.8　智能手机公司蜈蚣博弈（V）

4.3.3　修改游戏规则

　　20 世纪 80 年代，正值中国改革开放之初，有两个名叫徐东和捷宇两个小伙子合伙用渔船从台湾运货品到大陆来。在一次航行途中他们的船遇到了暴风雨，船被风浪打沉了，货也随之沉入海底，但所幸的是徐东和捷宇抓到一块浮木并且被海浪带到了一个荒岛的岸边。他们旅途所带的食物全部都与大船一起沉到了海底，所以他们必须在这个荒岛上找到能赖以生存的食物，维持生命直到有大船经过才能请求救援。然而这个荒岛物产十分缺乏，只有岸边生长的两棵椰子树，树上一共结了 20 个椰子，他们决定轮流上树摘 5 个椰子。

　　身手敏捷的徐东先迅速爬上树，一口气摘了 5 个椰子扔到树下，让树下的捷宇看住以免被海浪卷走。如果这时候捷宇带着 5 个椰子跑开并藏起来，那徐东就能独占剩下的 15 个椰子，显然捷宇还是会安分地在树下呆着。即使下一轮徐东带着 10 个椰子躲起来了，捷宇还能上树摘剩下的 10 个椰子。然而等到第三轮，捷宇就很有可能带着 15 个椰子跑去藏起来，所以合作很大可能在第二轮结束。这个博弈如图 4.9 所示。

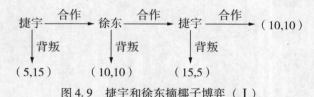

```
捷宇 ──合作──→ 徐东 ──合作──→ 捷宇 ──合作──→ （10,10）
│             │             │
背叛          背叛          背叛
↓             ↓             ↓
（5,15）      （10,10）      （15,5）
```

图 4.9　捷宇和徐东摘椰子博弈（Ⅰ）

　　我们将游戏稍作修改，捷宇先把第一次的 5 个椰子藏在徐东不知道的地方，再上树摘椰子，徐东也同样地将捷宇摘的 5 个椰子存放到一个隐秘的地方，那么各人都有 5 个椰子。第三次徐东再上树摘椰子，捷宇就藏着 10 个椰子而不是 15 个，因为他不知道徐东把那 5 个椰子藏在哪里。最后一次捷宇上树摘下 5 个，给徐东 1 个。只要稍作修改，徐东和捷宇就会因缺乏背叛的动机一直合作到最后。这个博弈如图 4.10 所示。

博弈的哲学 第4章

$$捷宇 \xrightarrow{\text{合作}} 徐东 \xrightarrow{\text{合作}} 捷宇 \xrightarrow{\text{合作}} （11,9）$$

背叛 ↓   背叛 ↓   背叛 ↓

（5,0）   （5,5）   （10,5）

图 4.10　捷宇和徐东摘椰子博弈（Ⅱ）

4.3.4　建立互信互助的深厚情谊

如果徐东和捷宇两人是生死与共的朋友，他们彼此之间建立了深厚的友谊，互相信任，都确信对方不会带着椰子先离开，那么他们就会一直等到全部椰子都被摘下来，平分 10 个椰子。

在社会生活中，父母与子女之间不会因为追求自身更大的利益而彼此背叛，使对方陷入困境，真正的朋友也如此。在现实的经济生活也一样，拥有良好信誉记录的两间企业，它们的老板是多年的好友，一同从小企业做到跨国企业，它们对对方都有十足的信心，就算没有法律的约束，它们也会坚守承诺合作到底，占领最大的市场份额。

76

第5章
重复博弈

重复博弈是一种特殊形式的完全信息的顺序博弈，顾名思义，即是同一种类的博弈形式重复进行多次，而这些同一种类的基础博弈被我们称为阶段博弈。一个典型的重复博弈的例子就是我们平常最常见的猜拳游戏，即石头剪子布。每一次猜拳的这个过程就是一个阶段博弈，而这个阶段博弈一次猜拳要重复多次，之后它就成为了一个重复博弈的例子。本章我们来讨论一下这种博弈。

5.1　重复博弈的案例及问题

5.1.1　案例

下面就是一些有关于重复博弈以及与其相对应的非重复博弈的例子，通过它们我们可以更加清楚地了解重复博弈以及他们的本质。

案例一

恋人之间的很多的决策也是属于重复博弈的，恋人之间要考虑维持一个长期的关系，所以你做的每一个决策都要考虑到对方的利益，防止对方在以后产生报复或直接选择断绝这段关系。所以说恋爱时很甜蜜的。结婚后双方都以为进入保险箱，没有那么容易被对方抛弃。有了这种潜意识，博弈虽然还是重复博弈，但婚姻却成了爱情的坟墓。

案例二

还有一个非常经典的例子就是去菜市场买菜或者去小卖部买东西的时候，店家常常用来说服我们相信他的货品质量的一句话就是：别担心他已经在这里卖东西卖了很久了。其言外之意就是他一直在这里卖东西，如果他的东西有问题你可以来找他算账，而且如果他的东西有问题也不可能一直在这里卖下去。这样一个长期的博弈关系就可以在一定程度上保证双方不会背叛对方，从而能够达到互利共赢的效果。

与之相反的是一些旅游景点的商店。因为大部分买家不过都是游客，难得再来，所以游客和商店之间实际上是一次性的博弈。因此，商店是骗一回算一回。游客也知道这么回事，博弈双方会产生很多的对抗策略选择，相互背叛，也就不能达到最大的利益。

案例三

在公交车上，我们常常见到两个人在争一个位子。其实，他们是不相识的两人。假如他们是两个熟识的人，一定会互相谦让。这也是因为陌生人之间以后再见面的可能性很小，就算见到也是不相关的。这也是一次博弈，双方都会争抢。而熟人以后会常见，属于重复博弈，故为了眼前的一点蝇头小利而破坏了双方之间的关系不值。

博弈的哲学

类似地，学校的食堂也是一个长期性质的重复博弈，卖不安全的劣质饭菜给学生的可能性很低。

案例四

据说一个中国小伙子娶了个日本姑娘，刚结婚时他常与一帮朋友一起玩到很晚才回家，但过不久，小伙子就不再晚回了。为什么呢？这是因为他那日本妻子每次做好饭后都要等他回来才一起吃饭，否则就算等到深夜也不会一个人吃。而且每当饭菜凉了，她都会重新热一遍又一遍。这样若干次后，小伙子就深感内疚，再也不敢晚归了。

案例五

我们还能发现这样一个现象，为什么大家都会感觉农村里的孩子会比城市里的孩子会更老实一些呢？这在一定程度上是因为农村和城市的环境决定的，农村地方比较小，人口流动性也比较少，经常一个村子里的人都是互相认识的，小孩长期生活在这样的环境下，如果做出什么损人利己的事情就会一下子传遍全村，被所有人知道，引起邻里乡间的道德谴责。相反，在城市里，地方很大，人口流动性也非常大，而且邻里之间也难得来往，因为城市生活一天到晚都得忙，没有工夫与邻居闲聊。所以在城里有什么不老实的情况对于孩子也没什么邻里压力影响，这就导致了城里孩子可能给人的感觉没有农村孩子老实，这也可以说是一个反映了重复博弈所影响的例子。

案例六

我们经常使用的信用卡也是一个重复博弈的例子。你需要经常使用你的信用卡，而且日常生活中的许多方面都需要经常使用到你的信用记录，因此，银行不会怕你用了信用卡而不去还钱。

5.1.2 重复博弈并不能一定防止背叛发生

重复博弈有何益处呢？首先我们要从与重复博弈对应的一次博弈来看，一次博弈指的就是只进行一次的博弈，这样的博弈其中的一个典型例子就是博弈论中最经典的囚徒困境的博弈（见图 5.1）。比方说有甲、乙两人进行博弈如果双方不合作，则两者各得 1 的利益；甲如果合作而乙不合作，甲得到 0 的利益乙得到 10 的利益；甲不合作乙合作，甲得到 10 的利益而乙得到 0 的利益；甲乙都合作，则两者各得 8 的利益。既然两者都合作的利益比两者都不合作的得到的多，那么为什么人们还是会选择不合作呢？原因就是这个博弈只是一个一次性的博弈。所以，身为一个理性的博弈者人们都会选择对于自己来说的最优策略，于是就产生了这种结果。这就是一次性博弈的必然结果，也是一次性博弈的一个很大的弊端。

80

甲

	不合作	合作
不合作	1, 1	10, 0
合作	0, 10	8, 8

乙

图 5.1　囚徒困境

如果把这个一次性的博弈改为重复博弈，那么，博弈的结果就会完全不一样了。假如在一个重复博弈型的囚徒困境中，如果甲乙两人仍然按照一次性的博弈来选择的话，两者将会长期都只能得到 1 的利润。而如果两人都采取了合作的策略的话，两者就都能长期得到 8 的利益。如果一人选择合作、一人选择不合作的策略的话，那两个人中虽然合作的人能够在这一次博弈之中拿到较多的 10 的利益。但是在重复博弈的情况下，另外一人不会选择再次与他合作。因此虽然他这次得到了较多的利益 10，但为此他失去了长期得到利益 8 的机会。所以身为一个理性的人，从长期利益的角度上考虑，这个人肯定不会选择为了眼前的这一点利益而抛弃掉长期的、大得多的利益。正因为博弈者之间有着一个长期利益存在，所以博弈者就需要考虑到不能引起对方在后面阶段的对抗和报复。也就是说其也要考虑到对方在当前情况下的利益，从而达到一个互利共赢的目标。

但是，并不是所有的重复博弈都可以保证能够让博弈双方保证不背叛对方并且达到互利共赢，实现最大利益。重复博弈可以分为两种类型，一种是有限次数的重复博弈，另一种则是无限次数的重复博弈。从博弈论的角度上看，有限次数的重复博弈是不可能完全制止背叛，比如说一个有限次重复博弈的特例，蜈蚣博弈悖论就是一个双方互相背叛的经典的例子。这实际上很容易理解：用倒推归纳法，最后一轮的博弈者都知道自己不背叛时自己会吃亏，所以一定会背叛。然后再倒数到下一轮，即使最后一轮的博弈者背叛会导致自己吃亏，不如这轮自己先背叛。如此这般倒推下去，直到最后一轮，双方都会一直背叛下去。

5.2　解决有限次重复博弈不合作问题

这一节我们讨论如何解决有限次重复博弈不合作问题。

5.2.1　后果自负、杀一儆百

既然有限次数的重复博弈无法使得双方能够一直合作下去，那么我们有没有什么解决这个问题的方法呢？其实是有能够使得有限次重复博弈双方提高他们合作率的方法

的，那就是用外部力量来强制博弈双方继续合作下去。法律和合同就是其中的一种我们经常使用的方法。两个商家之间进行合作，肯定要签订合同受到法律的保护。一旦双方之中有一方违反了合同，那么就会有法律对其进行严厉的惩罚，使其背叛所获得的收益远小于其被法律惩罚的收益。这样身为一个理性的博弈者就不会冒着那么大的风险去背叛双方的合作，使博弈双方都能得到较大的收益。

就拿一开始介绍的那个囚徒困境来讲，如果一个囚徒选择合作而另一个选择背叛，那么选择背叛就可能遭到对方亲戚朋友的报复，那么他就可能并不会想要选择背叛尽快逃出牢狱之灾了。就比如众所周知的意大利黑手党，他们的组织非常严密，对待叛徒的惩罚也非常残忍。如果一个黑手党的成员想要告发其他的黑手党成员，那么整个组织就一定会去把他杀掉。所以假设这个例子的博弈者是黑手党成员，那么他们就绝对不会像前面所讲的那些囚徒那样，而是宁愿终身监禁，也不愿意去背叛对方，因为就算他背叛对方出来也很有可能会被马上干掉。

还有一个集体活动迟到的故事：某中学有一位班主任罗老师，他喜欢经常组织本班的同学外出游玩。有次罗老师告诉全班同学明早7时在校门口集合出发去七星岩森林公园。第二天却有几个同学迟到，因为等这几个同学，使得大家在7时15分才出发，白白耽误了15分钟时间。因此后来的集体活动中，罗老师改变了策略。虽然真正的集合时间仍是在7时，但是他却通知大家6时45分集合。结果就算最晚的几个同学迟到15分钟也能在7时之前赶到，于是大家能够准时地出发。时间久了，同学们就识破了罗老师的"诡计"，甚至可以根据罗老师的通知来推测出真正的集合时间到底是多少。于是，虽然罗老师将集合的时间往前提了，但是大家仍然按推测的真实的集合时间到，结果那几位爱迟到的同学又在7时之后才赶到。而那些准时到的同学们觉得亏了，后来也不那么准时了。

在这个问题之中存在着老师与学生以及学生与学生之间的多方博弈。实际上也是一个多人的囚徒困境。因为每个学生都清楚地知道其他学生的占优策略是选择到达集合地点的集合时间既不能太早，以免白白浪费了自己早上多睡一会儿的时间，也不能太晚，以免耽误了大家，被大家大骂。

要破解这个困境，罗老师其实有两个策略可以选择：第一个策略就是只要过了集合的时间就不再继续地等下去，让迟到的同学独自承担他们应负的责任。这种责任以及其相应的惩罚对那些同学会造成极大的损失使得他们不会再迟到。第二个策略就是如果有较多的迟到的同学，那么就在一定数量的学生到齐之后就马上出发，使得那些迟到时间较长的同学承受这个惩罚。在家管小孩也是一样的道理，从小让犯错的小孩自行承担犯错结果，他们就不会轻易犯错，长大后也会是一个好人。例如，歌唱家李××对他宝贝儿子李天一，李天一小时犯错，李××不仅不舍得打，还去帮他摆平后果。久而之，长大后李天一就当然自认为老子天下第一，为所欲为了，认为干什么坏事最后没事。李××以为给了儿子双倍的爱，结果却将其送进了监狱，悲剧啊！

一般来说，当在博弈之中只有双方合作才能够达到收益的最大化时，如果有一方不遵守合作的约定而违背了它，那么就必定是另一方博弈者吃亏。所以我们需要在这之中引入一个惩罚机制：谁敢违约就要惩罚谁，使得他不敢违约。一位博弈者之所以会参加这个博弈并与另外一个人合作是因为他知道假如对方这次不合作，那么下次他就会被惩罚使得他不敢违约背叛。这个就是博弈论专家罗伯特·奥曼发现的"无名氏定理"。

同样的，当遭遇恐怖袭击以及遇到恐怖分子的威胁时应该怎么办呢？以色列政府就会采取强硬的手段，对于恐怖分子的威胁决不妥协并且要坚决的剿灭，采取杀一儆百的措施，这样也能在一定程度上降低恐怖分子的威胁。因为恐怖分子知道威胁也对于其没有什么用，所以就不会去采用这种手段。

当然，这个杀一儆百的方法实施起来有几个需要注意的地方。首先要确保惩罚能够实施，也就是要解决双方协议有效性的问题。其次就是要确保惩罚给对方带来的损失至少要等于其背叛所获得的利益。也即是惩罚力度的问题，只有真正地解决掉这两个问题，杀一儆百的方法才能在最大的程度上减少博弈者的背叛。

那么，假如说背叛者受到了惩罚却仍然死不悔改那么应该怎么办呢？下面有一个关于公司职员的例子说的就是这个问题。假如你是一家公司的高管，有一个职员整天磨洋工，产生了背叛博弈的效果，你无论怎么说他惩罚他，他也死不悔改继续原来的做法。那么有什么办法呢？第一当然是惩罚、批评教育、扣工资、扣奖金，等等。这个前面提到过，但是有可能导致其更加的不合作。还有就是直接将其开除等。但是若是你老婆、你老婆娘家人或你的亲兄弟姐妹不能开除，那还可以想办法将其悬置起来，不让其参与任何重要工作以免误事，不给各种奖金只给基本工资养起来的做法。又或者是请示自己的老板，将皮球踢给老板，让他做决定，可以避免事情的责任归到自己的头上。最后还可以与其进行深入的沟通，将其需求了解清楚，并将他的利益与公司的利益挂钩，激发其主观能动性，让其重新拥有工作的热情。这些都是各种不同的方法，可以根据情况的不同进行具体的实施从而解决掉这个难题。通过这个例子，我们也能举一反三地解决许多在我们生活中出现的类似的事情，找出一些能够解决生活中出现的问题的办法，这都是对我们未来的生活很有益处的。

在现实生活中，人是不可能不犯错误的，不要对方犯了一次错就不合作了，或者一定用报复来惩罚对方。正确的做法是原谅对方，若不能感动对方再惩罚也不迟；但注意一定要与对方沟通。

5.2.2 建立声誉

对于解决这个有限次博弈无法合作的问题还有另一个与杀一儆百完全不同的解决方案，那就是建立声誉。

博弈的哲学

有这样一个故事，讲的是美国第 9 届总统威廉·哈里逊小时候发生的事情。在哈里逊小时候家里穷而且他沉默寡言，人们误认为他是一个傻孩子。有一次，有人逗小哈里逊，将一个 50 美分的硬币和一个 1 美元的硬币放在一起让他选一个，他选的那个就会送给他。而小哈里逊却选择了那枚 50 美分的硬币，这件事在当地就传开后，人们就经常过来看这个傻小孩，并拿来 50 美分的硬币和 1 美元的硬币来让他挑选，而每次他都是选的那个 50 美分的硬币。这时就有人问小哈里逊为什么不选择面值较大的 1 美元硬币呢？难道他不知道 1 美元的面值较大吗？这时小哈里逊是这样回答的：我当然知道 1 美元的较大；但是，假如我选择了 1 美元的硬币，那么就没有那么多人不断地给我 50 美分了。这就是一个典型的用大智若愚来建立声誉的例子。但在现实生活中这样的例子不多，不少所谓精明人实际上是目光短浅，看不到日常生活和工作中的博弈是重复进行的，以为博弈总是一次，于是凡事斤斤计较。到后来，大家都不愿意与他玩了，把他边缘化，这种精明人自然不会有什么出息。每次都赢了当然好，但前提条件是别人愿意与你玩下去；小哈里逊若是拿了 1 美元，别人还会与他玩下去吗?!

网易也曾经报道过一个无人卖报的事件。讲的是一个卖报摊主将自己的报摊办成了无人卖报的摊位，只在报摊前放了一个框，上面写着报纸价 5 角。这几年来报纸照样卖出而钱却从来没有怎么少过。这个博弈虽然有背信获利太小不值得去做的原因以及买报人可能担心摊主在暗中观察等因素的干扰，但也不可否认这是一个典型的为人厚道获利的例子。

在 1997 年前香港回归问题上，中英的谈判也是一个这样的例子。在谈判中，英方要求香港建立立法局与行政长官直选的制度，但中方坚决反对，并威胁中国政府将另起灶炉。英方起初不相信，但是对中国政府来说，类似的问题还有澳门问题、台湾问题等，在国际上树立一个强硬形象和说到做到的声誉是对以后的这些问题的解决十分有帮助的。假若软弱了，那么在以后的问题处理时中方也将处于非常不利的地位。英方最后认识到了这一点，双方最后达成了合作。

声誉的积累对于不管是一个人还是一个组织，甚至是国家都是非常重要的。这里还有一个积累起了坏声誉的例子，就是烽火戏诸侯。讲的是西周末年的周幽王，他为了取悦褒姒，数次点燃骊山烽火，只为博美人一笑。骊山烽火本是为了京城告急天子有难被外敌入侵时能有求救的方式而设立的，但是周幽王却把其当作儿戏，数次无故点燃，只为逗美人笑这样却造成了失信于诸侯。最后真有外敌入侵点燃烽火了之后再也没有人相信周幽王。诸侯们都以为他是在游戏，不来救驾，西周也因此灭亡。这就是一个坏的声誉毁了一个国家的例子。由此可见，一个好的声誉是非常必要的。儿时我们听的狼来了的故事也是如此。

在我们的社会中有着各种各样的诚信以及道德的约束人们的例子，但更实际的情况是，我们的生活中总会发生各式各样的信任危机。实际上，我们的社会并不太可能达到一个较高的诚信水平，所以合理规范的制度才是一种更加能保证有限次重复博弈正常合作而进行的基本条件。

　　虽然说我们有两种方法来解决有限次重复博弈无法合作的问题，但单一的一种方法都有其不足之处，在我们的社会生活中，我们也通常是两种方法一起使用，相互之间进行弥补来解决问题的。所以，惩罚机制与道德力量、杀一儆百与声誉的建立一起成为约束人与人之间的合约承诺的力量。上面的许多例子虽然是分为了两个方面去解释，但是大家在仔细思考之后其实不难发现上面的两种方法在每个例子里面其实都有体现，是相互结合起来的。

　　声誉理论基本上是沿着个体声誉和组织声誉两条线索向前发展，以归属于组织声誉的企业声誉为研究对象的。信息不完全理论构建了经济学中研究声誉问题的主要框架，而博弈论作为一种方法论则为系统和深入地研究声誉问题提供了最具逻辑性与解释性的分析工具。在决策之前，能够得到对方的准确对策固然很好，但往往是不现实的。因此，就要对对方进行猜测。信誉机制就是一方主体根据印象或资料对另一方主体认知的过程。声誉并非一个完全客观的参数，很大程度是凭猜测和经验而形成。

5.2.3　用声誉方法解决连锁店悖论

　　以连锁店悖论为例子：有一家企业是一个在位者，已经在市场上拥有了一定的根基（发展起来了，有丰厚的收益）。在外人看来，这个行业有利可图，另一家企业（一个进入者）需要选择进入还是不进入这个市场。在位者本来单位时间内的利润为 100。对于进入者来说，如果不进入该行业市场，将犹如一切都没有发生，在位者的利润依然为100；而进入者因为没有投入，自然没有产出，利润为零。如果进入者觉得该行业有利可图，便会选择进入行业，进行投资 10。此时，在位者可以仗着其在位的优势，进行价格竞争，或者默许进入者的进入分羹。一旦进入者选择进入市场，他们的利润分配最后将由在位者决定。一种可能是妥协，双方平分利润，一种可能是放弃利润，让对方亏本从而放弃进入市场的行为。这博弈如图 5.2 所示。

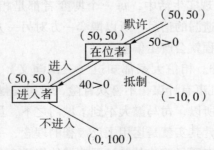

图 5.2　进入者和在位者博弈后的利润分配（括号的数字
左边是进入者，右边是在位者）

什么情况下，在位者会选择默许的策略，什么情况下选择价格抵制呢？在只有一次博弈的市场，在位者更应该选择默许的策略（见图5.3）。但是，在位者如果在30个地区的30个市场都面临该进入博弈呢？此时，如果在位者对前几位进入者采取抵制策略，建立起强硬的声誉，以威胁之后的进入者，使其不敢再进入市场，那么在位者或许能够舍小换大。但若用向后倒推法就会发现：对于第30个进入者，在位者是会采取默许策略的（从只有一次博弈的情况可知），因而在位者在第29个博弈中采取抵制策略以威胁后面的进入者也是没有意义的。所以，在位者在第29个博弈中仍会采取默许策略。如此这般，我们可推出在位者其实一直都会采取默许策略。

	在位者	
	抵制	默许
进入	–10, 0	50, 50
不进入	0, 0	0, 100

进入者

图5.3　进入者和在位者博弈后的利润分配

但是，此博弈对于进入者来说，他的最佳收益要取决于在位者对其的影响。他要考虑到在位者一贯的作风。换言之，在位者以前是否做过类似的选择：为了击退竞争者，不惜牺牲自己短期利益的声誉。有了这样的声誉，在位者就能使进入者不进入市场与之竞争了。

5.2.4　影响声誉的因素

在现实生活中有许多因素会影响一个博弈者对另一个博弈者声誉的判断，下面我们列举出其中一些影响声誉的因素。

（1）过去的行为。我们可以通过分析过去大量的历史数据，对对手的行为进行归纳总结，从而得到其有关声誉的信息。因为每一次决策都体现决策者的偏好，然而经过多次统计出的数据会相对稳定，可以作为参考。

（2）信息不对称。在现实生活中，每一个博弈者都是相对独立的个体，尽管是大量收集数据，也往往会有遗漏的信息，所以博弈一方对另一方的认识是不完整的，缺乏一些重要的信息，认知过程就会产生偏差。

（3）伪声誉与反声誉。相信大家都知道《三国演义》中的诸葛亮有一招"空城计"。诸葛亮生性稳重，凡事有计谋，不喜欢冒险，给司马懿的印象就是诸葛亮不可能让大门广开而无所准备。所以，司马懿大军到了城门之下，虽见城门无兵，却不敢轻举妄动甚至撤兵。诸葛亮此计其实就是运用了反声誉的理念，一反常态冒险，虽然内心忐忑。果然，司马懿以往的丰富经验让其错过了攻城的好机会。另外，对方也会为了迷惑对手往往会做出假象。

（4）内部变动。这个因素其实跟信息不对称的因素相似，但是因为对方主体内部结构有所改变而导致的。因为决策者的改变，最终导致其策略的偏好完全不一样。

（5）社会对其评价和认识的差异。信息完整性并不能靠单方面去收集就能完成的，同时也要借助前人的经验，站在牢靠的基础上才能够更好地掌握。中国古时候有一个盲人摸象的故事，就很好体现出不同的人对同一个主体的认知不完全一样，甚至全然相反。还有"一千个人心中有一千个哈姆雷特"，声誉在不同的理解下，很容易产生差异。因此，在接受外部声誉信息后，个人对其理解的方向也会有所差异。

（6）难于归纳的行为。虽说每个人做决策往往有其缘由，但并非所有的归纳都有其规律性，经常会有一些决策是随机的，声誉自然无从谈起。

根据对对方的信息了解掌握，必须结合实际情况考虑声誉的影响因素，形成个人的声誉。具体说，声誉可以经过以下几个步骤来建立：①明确博弈的内容和目的；②根据理性的计算分析，弄清楚对各种策略下的收益；③收集对方信息，包括其信用程度、以往经典决策案例以及近期接触案例；④根据对方资料的分析，重点统计如下：一是信用程度，二是决策偏好，三是风险承受能力及风险偏好，四是决策的期效（目标是否长远）。这样便确定自己应建立什么样的声誉机制，能够主观预测对方的策略。

5.3　冤冤相报何时了

无限次重复博弈却不会发生有限次重复博弈不合作的问题也有原因，即若一方背叛了对方就会进入一个冤冤相报何时了的死循环。也就是说，假如一个博弈者首先背叛了，那么对方在下一轮也会选择背叛来报复；于是两个博弈者就会一直背叛下去，那就会一直损失自己本来合作时能够获得的很大的利益；身为一个理性的博弈者知道自己背叛并不能获得更多的利益，那么自然双方就都不会选择去干这种损失自己利益的事情了。这也叫以眼还眼、以牙还牙的策略。当代伟大哲学家毛泽东有一句名言："人不犯我，我不犯人；人若犯我，我必犯人"也是这个意思。凭着这一句，20 世纪 60 年代中苏珍宝岛之战，我们竟把强大的入侵者苏联给打回去了。

另一个十分有趣的例子是博弈论专家罗伯特·爱克斯罗德曾组织过一场计算机模拟囚徒困境比赛，每一个参赛者编写计算程序扮演着一个囚徒的角色，在合作与背叛两个策略之间进行选择。这种对决以单循环形式玩上 200 次，也就是重复的囚徒困境博弈。这个博弈还允许程序在做出策略选择时参考对手前几轮的策略。

比赛的最终结果是用一报还一报策略程序的参赛者夺魁，而且排在前面的大部分都是善意的愿意选择合作的程序，而那些"非善意"的则都排在后面。这个一报还一报策略简单说来，就是第一次合作，后面就重复对方上一步的选择：你合作我就合作，你

不合作我便不合作。这样激励对方就能将合作关系保持下去，而不会被背叛。这个事例更加体现出了这种一报还一报策略的优越性来，从而有效地预防了在无限次重复博弈中背叛事件的发生，使得博弈者能够获得最大的利益。

当然，一报还一报的策略也不是完美的，如果将其运用于现实生活中，它也是有着其局限性的。在人们的日常生活中双方的误解及无心之错有时是难以避免的，此时，若采取一报还一报的策略，则以牙还牙的情况将很可能一直持续下去，从而造成一个灾难性的后果，大家可以想想罗密欧和朱丽叶的凄美爱情故事。所以从这个角度上看，一报还一报的策略应用于日常生活中有着两个缺陷：第一是太容易激发背叛；第二就是缺少一个停止的机制，冤冤相报没有了时。也根据这两个缺陷，有人修改了一报还一报的策略，经过研究发现这种策略对于双方会更加有利。这个修正包括两方面：一是在一定的概率上不报复对方的背叛；二是在一定的概率上主动停止背叛。这样修正后的策略就有了更好的效果。

在现实日常生活中，人是有感情的，有时宽容别人的错误，别人会主动回报，就避免了冤冤相报何时了的悲剧。当然这关键是要让对方知道错了，这可以一对一的方式当面沟通。若对方无法好好沟通；可请几个双方的朋友来讨论一下，看看究竟是谁错了。但对方就是不认错，那也没关系，宽恕他，不要用别人的错误来惩罚自己，快快乐乐地继续生活。当然若有别的合作对象，就不必与总是选择背叛的呆在一起。但要知道，并不是所有的情况下，我们都可以或应该摆脱令人不愉快的人（如老公或老婆），我们只有选择宽容，这样我们至少自己会少一些痛苦。要相信好人一定会有好报，恶人一定会有恶报，不是不报，只是时机未到。中国几千年的历史都证实了这点。以恶还恶，就会使好人变成恶人。

第 6 章
讨价还价与谈判

谈判旨在解决两方或多方之间的分歧、为达成协议或增加自身利益而进行的一种顺序博弈。讨价还价和谈判的理论在学术研究、商务合作、日常生活甚至国际交流等领域都有广泛的应用。比如：朝鲜核问题六方会谈、工会与公司签署合同、商品买卖，等等。在这一章里我们将简单介绍一下谈判的基本思想和一些谈判技巧。

6.1　什么是谈判模型——鲁宾斯坦讨价还价

　　我们先来讲一下最后通牒博弈。它的主要内容是，有一笔钱由两个人来分，一人作为提出分配方案的提议者，而另一人作为应答者，对提议者提出的方案回应接受或拒绝。如果应答者接受，那么就按该分配方案分配这笔钱；如果应答者拒绝，那么双方都将得不到这笔钱。

　　最后通牒博弈虽然是动态博弈，但却不是一般意义上的谈判，因为其中只有一方能提出分配方案，但如果把它稍加改进便可得到谈判的基本模型：同样有一笔钱，总值为 M 元，由 A 和 B 两个人来分，A 和 B 通过抛硬币来决定谁先做提议者，另一个先做应答者。现假设 A 先做提议者，B 先做应答者。A 首先提出一个分配方案，B 做出应答。如果 B 接受，则两人按该方案分配这笔钱，该谈判结束。如果 B 拒绝，则进行到下一轮，B 变成提议者，A 变成应答者。B 提出一个分配方案，如果 A 接受，则两人按该方案分配这笔钱，该谈判结束。如果 A 拒绝，则继续进行到下一轮，双方再次交换角色，直到有一方接受另一方的分配方案为止。

　　看到这个模型，有人会问：要是双方一直达不成协议，不接受对方提出的分配方案，那谈判岂不是要一直循环下去，无法结束？其实一般来说我们都会假设在谈判中，每一轮角色互换后，原有的金钱就会相应比上一轮减少一定数额，即谈判是有成本的。于是我们可设每一轮的总金是上一轮的总金与一个 0 到 1 之间的数的乘积，这个数被称为贴现因子。其实，这样的假设是有道理的，现在得到 1 万元肯定是比第二年或未来得到 1 万元更值钱，因为你可以用现在的 1 万元去投资会挣更多钱，而且在当今时间就是金钱的时代里，谈判所花的时间越多，你的损失是越大的，因为你可以花这些时间去做其他的事，挣更多的钱。现假设每轮减少的数额为 n 元（假设 M 可被 n 整除，商为 p）。这样，若双方一直没达成协议，那么他们所分钱的总金额就会一直减少到零，到此谈判也结束，双方什么都得不到。

　　让我们来分析一下这个谈判博弈模型[①]。如果双方一直达不成协议，谈判总共会进行 $M/n = p$ 轮，让我们先假设 p 为偶数。我们考虑一下如果双方在前 $p-1$ 轮都没有达

---

①该模型修改自博弈论著名的鲁宾斯坦讨价还价模型。

博弈的哲学

成协议的情况，这时他们进入到最后一轮，此时由 B 做提议者，A 做应答者，所分的钱的总值变为 n 元。现在，这就像一个最后通牒博弈。显然，如果 B 提议只分给 A 1 分钱（我们可以忽略，将其看成 0 元），A 也应该接受，因为这总比拒绝后什么都没得好。于是在倒数第二轮，A 作为提议者知道不能分配给 B 少于 n 的钱（注意 A 在这里可以分给 B n 元，因为在最后一轮 B 还是要分给 A 1 分钱的，这样他能得到的钱是少于 n 的），否则 B 就会拒绝而把谈判拖到最后一轮，从而得到 n 元钱（近似）。所以，A 在倒数第二轮会分给 B n 元，自己留 n 元（倒数第二轮的总钱是 2n 元）。在倒数第三轮，B 作为提议者也知道不能分配给 A 少于 n 元，否则，A 会拒绝而将谈判拖到倒数第二轮，从而至少得到 n 元。所以，B 在倒数第三轮会分给 A n 元，自己留 2n 元。这样依次类推，在倒数第 p 轮，也即第一轮，A 作为提议者会分配给 B $pn/2$ 元，自己留 $pn/2$ 元（注：$M = pn$）。现在让我们假设 p 为奇数。如果双方在前 p − 1 轮都没有达成协议并进入最后一轮，此时由 A 作为提议者，B 为应答者，所分的钱的总值减少为 n 元。同样的分析，A 可以只分给 B 1 分钱，自己独占 n 元（近似）。这样在倒数第二轮，B 作为提议者会分给 A n 元，自己留下 n 元。依次类推，在倒数第 p 轮，即第一轮，A 作为提议者会分配给 B $(p-1)\ n/2$ 元，自己留下 $(p+1)\ n/2$ 元。由以上分析可知，第一轮作为提议者是更有优势的，而对于第一轮作为应答者的一方，其所分钱的多少与其是否在最后一轮是作为提议者有关。

6.2 为什么要谈判——创造利益

国家与国家之间要谈判、公司与公司之间要谈判、出门买东西也要讨价还价甚至与同学就宿舍谁来打扫也要谈判一下，那我们为什么要去浪费时间去与他人谈判呢？

让我们先来看一个例子。北京大学和香港大学都请了东京大学的一位教授去作讲座，由于这两所大学最近经费都有点紧张，所以商量后决定让教授采用东京—北京—香港—东京的三角路线，而不是东京—北京—东京—香港—东京的往返路线。这三个地方之间的单程机票价格大致是：东京到北京 2800 元，北京到香港 2300 元，香港到东京 4000 元。北京大学和香港大学决定共同支付东京大学教授 9100 元的出行费用，但两方到底各应分摊多少钱呢？有人或许会提出双方均分摊总费用的一半，即 4550 元。这样的话，北京大学相对于单独支付该教授来北京的往返机票少花了 5600 − 4550 = 1050 元，而香港大学相对于单独支付该教授来香港的往返机票少花了 8000 − 4550 = 3450 元。而另一种方法是双方均分摊北京到香港的机票费用的一半，即 1150 元，并各自负责各地与东京之间的单程机票。这样，北京大学应分摊 1150 + 2800 = 3950 元，相对于单独支付教授来北京的往返机票少花了 2800 − 1150 = 1650 元，而香港大学应分摊 1150 + 4000

92

=5150 元，相对于单独支付日本教授来香港的往返机票少花了 4000 – 1150 = 2850 元。

到底怎样分摊才算公平呢？重要的是找到公平分配的原则，通过该原则我们也将认识到为谈判的目的。我们考虑一下如果两所学校各自承担日本教授来北京和香港的往返机票的话，北京大学应花 5600 元，香港大学应花 8000 元，总共 13600 元。而如果分摊三角路线机票，则总共要花 9100 元。我们可以看到，通过谈判和合作，双方总共节省了 13600 – 9100 = 4500 元，也即创造了 4500 元的额外利益。如果谈判协议没达成，就损失了这 4500 元。从中可以看到我们为什么要费时费力地去和别人谈判了，因为谈判可以创造利益（或者说合作可以创造利益，而谈判是为了能更好地合作）。于是，北京大学和香港大学公平分摊这笔费用的原则也就出来了：由于该谈判中缺少任何一方，都会损失 4500 元，所以节省的 4500 元应该平分，即各节省 2250 元。这样北京大学应分摊 5600 – 2250 = 3350 元，香港大学应分摊 8000 – 2250 = 5750 元。

当然，谈判也是一个相互妥协的过程，当双方利益在同一件事上有冲突时，那么就需要通过谈判来让步，以尽量减少各自的损失。其实谈判的本质就是公平地分配合作所得利益。

6.3 谈判中的影响力——不可替代性

在上一节中，北京大学和香港大学请日本教授来作讲座的例子中有许多人或许会对双方平分节省的 4500 元感到奇怪，为什么北京大学本来付的机票就便宜，却能跟香港大学平分节省的钱呢？香港大学多省一点钱，北京大学少省一点钱不是更公平吗？其实这里就涉及谈判中的影响力的问题了，由于在这个谈判中若北京大学不同意该分摊方案，那么谈判将破裂，4500 元的利益也将化为乌有；同样，若香港大学不同意，协议也无法达成。这样双方在这个谈判中的影响力是相同的，所以应该平分这 4500 元。

为了更好地理解谈判中的影响力这个因素，我们再来看以下一个例子：现有一产品生产商甲生产了一批产品，如果甲自己销售这批产品，可获利 10 万元。如果甲与该类产品的专业销售商乙合作，让乙来销售这批产品，总共可获利 30 万元（因为乙在销售行业有多年经验，销售渠道多，故同一批产品获利更多）。此时，按照上一例子的分析，我们可知最终甲将获得总利润 30 万元中的 20 万元，乙将获得其中的 10 万元。因为甲乙合作，使得总利益增加了 30 – 10 = 20（万元），而该合作没有甲乙两方中的任何一方都无法达成，所以甲乙平分这 20 万元。

现在若有另一专业销售商丙，如果甲与丙合作，让丙来销售这批产品，总共可获利 20 万元。那么此时甲与乙合作所得的 30 万元应如何分配呢？假设乙和丙如果不和甲合作，则没有其他收益。那么甲与乙合作时，甲的边际贡献为：30 – 10 = 20（万元），因

为甲如果自己干只能创造 10 万元的利润。而乙的边际贡献为：30 − 20 = 10（万元），这是因为如果没有乙，甲也可以和丙合作总共获利 20 万元。甲的边际贡献占甲乙两人总边际贡献的 2/3，所以甲应分得 10 + 20 × 2/3 = 23.33（万元）（其中 20 万元为甲乙合作所创造出来的总的额外利润），乙应分得 20 × 1/3 = 6.67（万元）。在这个例子中，不论有没有丙，甲都会与乙合作，但是正是因为有丙的存在，使得乙的可替代性降低了，即在谈判中的边际贡献降低了，乙所分得的利益也就降低了（从 10 万元降到了6.67 万元）。这也间接说明了商业垄断导致商品价格过高这一现象，因为对于消费者来说在某一行业中的垄断企业是不可替代的，而消费者人数众多，可替代性很强。所以，在商品定价时，垄断企业有很强的影响力。现实生活中可替代性越低的工作，工资和社会地位往往也越高也是同样的道理。

不可替代性的高低决定了你在谈判中的影响力。因而在实际谈判中，人们往往会通过增加自身的不可替代性来从谈判中获得更多利益。比如，集体的不可替代性要高于个人，所以工人们会成立工会来与公司谈判；在国内以集体名义去办事往往会比个人方便快捷。提高自身能力和素质，能做到他人做不到的事，也是在增加自身在社会中的不可替代性，进而提高自己的价值。比如，在一个研究团队中，如果你能力强，不可替代性高，那么你的大部分要求上级都会满足；相反，如果你能做的事，他人也能做，那么你就只有帮他人做事的份了，甚至有被踢出团队的危险，更别想提什么要求。例如，当年钱学森想回到祖国，美国方面千方百计地阻挠，这也是因为钱学森在空气动力学领域研究造诣极强的不可替代性。他曾因对空气动力学的研究做出重大贡献被晋升"美国陆军航空兵上校"，到华盛顿参加过国防部科学顾问组，曾在导师冯·卡门的带领下询问过德国顶尖火箭科学家，甚至出任过加州理工学院古根海姆喷气推进研究中心主任，领导美国太空火箭的研究……这也是为什么时任美国海军次长的金波尔认为他"一个人就抵得上 5 个海军陆战师"的原因。

当然，物以稀为贵也是因为稀少的物品不可替代性高的原因。有一个关于邮票拍卖的故事，讲的是富商洛克在一次拍卖会上以 500 万美元的高价拍得一张世界上只有两张的珍贵邮票，接着，他拿出打火机当着大家的面把拍到的邮票给烧了，就在大家惊异之时，他又拿出另一张相同的邮票，原来他就是那另一张邮票的拥有者。之后，由于世界上仅有的那两张邮票只剩下一张，剩下的那张邮票价格飞涨，远超过了原来两张邮票价值的总和。其实这个人就是利用了不可替代性越高，价值越大这一规律。

降低对手的不可替代性也是谈判中常用的方法。比如，你到菜市场买菜时看到想要买但有点贵的菜，就可以说："刚才我路过一家菜店这种菜仅卖 10 元 1 斤，你怎么要11 元 1 斤，你降降价，否则我去之前的那家店买了。"新东方元老之一的王强老师当年能进纽约州立大学攻读计算机硕士，也是靠一句"哈佛大学还有一个名额在等我呢"震慑了当时面试的老师。

6.4　为什么要尽快达成协议

　　假设我们在谈判的模型里要分的那笔钱会每轮减少 n 元，随着谈判轮数的增加，总共能分的金额也越少，因而谈判一直拖下去对双方未必更有利。在实际生活中，许多情况下，谈判一轮又一轮达不成协议，随着时间的流逝，谈判方均会有不同程度的损失。这个损失其实就是从一开始就达成协议所获得的收益与在一段时间后才达成协议或没有达成协议所获得的收益之差。比如，谈判双方打官司所要支付的律师费用是随着打官司时间的增加而增加的；工人罢工时，雇主没有工人营业，会损失一定的生意，而工人不工作，也就没有工资，同时也损失了一定的收益。另外，谈判没有达成，双方为了各自利益的进行讨价还价所消耗的时间和精力也是一种无形而重要的损失。因而为了减少这些对双方都不利的损失，谈判双方应该尽早达成协议。这些损失一般由两部分组成，一个是协议未达成的这段时间里双方各自固定的损失，如律师费用、工资等，我们称之为等待成本；另一个是下一轮谈判达成协议所获得的 1 元的收益对于某个谈判者而言相当于在当前轮谈判达成协议所获得的 δ 元（大于 0，小于 1 的值），我们称该 0 值为贴现率[①]，俗称耐心。

　　首先，让我们分析一下等待成本的不同对谈判方的影响。就先前请教授来做讲座的例子而言，其中在未达成协议的情况下，北京大学需要花费 5600 元，香港大学需要花费 8000 元，这两个就分别是这两所大学的等待成本。由于香港大学的等待成本比北京大学要高，所以最后就算达成协议其所花的钱也要比北京大学更多。因为它们的谈判影响力一样，故花费是在等待成本的基础上减去节约的相同的利益。不知大家有没有注意到一个现象，社会上出现罢工时往往是在生意很好的时候发生的。其实，这用等待成本就很好解释。因为生意好的时候罢工如果发生，雇主的损失（即等待成本）将会更大，而对于员工来说，生意好坏不影响他们的工资，此时雇主更容易对他们提出的要求妥协。一般而言，谁在不达成协议的情况下损失得越少，即谁的等待成本相对更小。俗话说谁的底气足，其他条件一定的情况下，谁的谈判优势也就越大。但要注意，这里的等待成本是相对的。

---

　　①贴现率的意思就是将来所得的 n 元钱与相当于现在的多少钱的比值，因为现在你如果得到 1000 元与你半年后得到 1000 元对你的价值肯定是不一样，毕竟你若现在得到 1000 元，那就可以拿它去投资或存到银行里吃利息，在半年的时间里可以挣得更多的钱。另外，在你急着用钱时，现在的 1 万元对你就很有价值，比如，家人当天需要 1 万元看急诊，没有 1 万元就进不了医院看病，这是救命之急，若过两天就算给你 2 万元，你也觉得没什么用了。

其次，某一方的耐心值越大，也即越有耐心，在谈判中越有优势。现假设甲乙两人共同分 m 元钱，谈判只进行两轮就结束，设甲乙两人的耐心值分别为 a_1 和 a_2。甲先作提议者，那么甲的最佳提议方案为自己拿 $m(1-a_2)$ 元，乙拿 ma_2 元，因为就算乙拒绝该提议，乙在下一轮所能拿到的最多是 m 元，而下一轮的 m 元对于他来说只相当于当前轮的 ma_2 元，所以，乙一定会接受该提议。如果谈判只进行三轮，甲在最后一轮的提议肯定是自己拿 m 元，乙拿 0 元，乙也只能认了，因为谈判在这一轮结束了。那么，乙在第二轮就会提议自己拿 $m(1-a_1)$ 元，甲拿 ma_1 元。可知甲在第一轮的最佳提议方案为自己拿 $m[1-(1-a_1)a_2]$ 元，乙拿 $m(1-a_1)a_2$ 元。由上述可知，不管谈判进行两轮还是三轮[1]，其他值一定的情况下 a_2 越大，即乙的耐心越大，乙所得到的利益也就越大。其实这一结论在实际生活中也很好理解。假若你现在急需用钱，会想到把自己收藏的名画拿去市场上卖，本来很值钱的画由于你现在没耐心和买家讲价，就很容易低价出售，因为就算过几天后有好买家能卖个高价，你也无法解决现在缺钱的境况。

6.5 为什么不能在第一轮谈判时就达成协议

说到这里，大家肯定会有疑问，如果谈判都像我们上面分析的那样有最佳提议方案，为什么实际生活中不是在谈判一开始时大家就达成协议？为什么工会与企业管理者在谈判时明知道罢工对双方不利还要让罢工发生呢？为什么有些事必须要闹到法庭上才行？因为在上面的分析中，我们有完全信息这一假设，也即谈判方的收益、等待成本和耐心等都是各谈判方的公共知识[2]，而在实际生活中谈判方的许多信息都是未知的，有时甚至刻意向对方隐瞒的。比如：对方的耐心是多少？对方的等待成本与我方相比是高还是低？对方在这次谈判中到底能得到多少利益？对方又受哪些因素制约？在信息不完全的情况下，往往需要用行动来证明自己，于是就有了工会通过罢工来证明自己的等待成本比雇主更低，并以此来威胁雇主。谈判的过程就是一个彼此相互了解的过程，了解得越多，就越容易达成协议。当然在谈判中我们有时也可以利用对方对自己不了解这一点来获得更多利益，如果你实际耐心很低，但你可以装作很有耐心与对方谈判，这样就不会吃了耐心低的亏了。下面几节将具体分析各种谈判的技巧。

---

①其实由此可推广到谈判进行 n 轮的情况。
②也就是参与博弈的各方都知道的知识，且大家都各自知道该知识，依此无限循环下去的知识。

6.6　前期信息收集

日常生活中的谈判博弈往往区分为谈判前期信息收集的准备阶段和实际的博弈阶段。严格地说，收集信息并不能算博弈，无论完全信息博弈还是不完全信息博弈的模型中总是有一个第三方给出了双方的回报函数，而日常生活中却很少有这个角色出现。因而，在任何日常的博弈中我们都要尽可能多的获取其他博弈者的信息，理由是我们常说的知己知彼、百战不殆。用博弈论的话说便是在了解了对方的回报函数即各种可能的选择及其收益之后，便能更加有效地预测对方可能的行动，自己也在同时做出最优的应对。博弈论关注的往往只在经济上的利益，但如果从生活哲学的角度去看待博弈论，我们会有很多其他层面的要点需要关注，如文化因素、心理因素、个人偏好，这些问题即使复杂和难以定量，但我们在实际的生活中常常会用到；故而收集尽可能多的信息显然是必要的。

从这个准则出发，在谈判前获取相关信息的方法有哪些呢？主要策略有：调查参考价格和观察对方偏好。

下面我们来看一个案例：

案例一　淘宝网购吉他，货比三家

对话 1
买家："这个吉他缺角，1900 元琴加箱子卖么？"
卖家："亲，现在已经是最低促销价了。"
买家："3000 元打 8 折 2350 元才是标价啊，加配件的话，价格也还成 1900 元吧。"
卖家："2360 元就是最低价，由厂家规定价；不好意思，卖不来的哦。"
买家："隔壁有店直接标 2350 元，2000 元琴加箱子吧，配件就算了。"
卖家："抱歉，做不了的，现在这个价格是最低了。"
买家："如果不还价那就算了。"
卖家："嗯，您再看看，这个价格卖不来的，配件的成本也都在箱子上，加箱子最低也就能给您 2300 元。"
买家："2100 元钱吧，箱子最多也就 150 元钱。"
卖家："做不了的，这个箱子进价就 300 元多了，不要箱子可以给您减一点。"
买家："所以从 1900 元到 2100 元。差不多了。就一个箱子一个琴，连弦都没要。"
卖家："只加一个箱子最低给您 2300 元，都不要最低 2100 元，您考虑一下吧。"

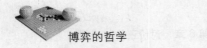

买家："2150 元？最后一次出价了，行就说行，不行就这样了。"

卖家："抱歉，那您再考虑下吧，给您的是最低价了。"

买家："那算了，祝好。"

对话 2

买家："这个吉他缺角，1900 元琴加箱子卖么？"

卖家："亲，这是国产最好的品牌周年庆打八折，2360 元已经是很低的价格了，再低也不过 2300 元。"

买家："2000 元如何？你总还有得赚。"

卖家："2000 元不带箱子都够呛，加箱子 2200 元已经不能再低了。"

买家："2100 元不卖就算了。"

卖家："2200 元真的不能再低了，能卖我一定都卖了。"

买家："那算了。"

对话 3

买家："这个吉他 1900 元缺角，琴加琴箱加调音器卖么？"

卖家："批发吗？亲！"

买家："其实我最关心的是，你们这创业是哪个大学的，中山大学的？"

卖家："是的，亲。"

买家："同是中大的能凭学生证打折么？"

卖家："可以，但是也不是这个价格哈！"

买家："那你开个价？"

卖家："2150 元送个好箱子和调音器给你。"

买家："行，那我拍下付款了。"

在上面的例子中，买家一共向三个商家询价，而在此之前充分调查过琴友买到这款琴的大致价格，是在 2150 元到 2360 元之间，这是调查参考价格。

第一次询价是在寻找商家大致能接受的价格区间，无奈遇上的第一个商家对价格很坚持，所以没什么收获。于是采取了买卖中常见的，货比三家策略，到别的店继续询价。

当博弈真正开始时，我们从互动的这个特点出发可以将策略和要点区分为：①卖方策略；②买方策略。下面几节我们就来逐一介绍。

6.7　卖方策略

6.7.1　寻找自己的不可替代性

案例二　供应商与超市

供应商与超市的价格谈判能力强弱的主要影响因素有品牌知名度、可替代性、供应能力等。每当在超市中选购洗发水产品时我们总觉得有很多商品可供选择，但实际上他们背后总有联合利华或保洁的商标，超市在面对这种全面的对手时会非常慎重，因为一间没有海飞丝洗发水买的超市总会有些奇怪。而面对粮油供应商，超市就更需要慎重了，因为大的供应商是可以掐断生活必须物资供应的。试想一个山西超市如果没有醋卖，那它倒闭毫无疑问只是时间问题，因为那里的人们顿顿饭，即使是早餐也离不开醋。所以那里吃醋不是问题，没醋吃才是问题。

在议价中出现的超市大多是连锁超市，他们的规模使得自己在供应商面前具备了话语权，如果所有连锁超市都倒戈向供应商的竞争对手，供应商也会感到非常棘手。而较小的超市则没有这种话语权，因为他们的规模对市场走向几乎没有影响，常常人为刀俎，我为鱼肉。

不可替代性是指这种谈判中拥有稀有的、不可替代资源的一方会占据主动，这种优势往往是先天的和不可逆转的，从来没听说有人去跟加油站谈 93 号汽油零售价的。但是也存在着例外，就像中国的高科技蜡烛在 2000 年时一根创汇 2 到 3 美元，两三根就能赶上一台彩电出口的收益。可见在博弈中寻找自身的这种优势意义重大。

同时我们也可以看到规模关联着影响力，而影响力关联着谈判中的话语权，至于如何去扩大自己的规模和影响力那并不是此处需要关注的问题。

6.7.2　能提供一揽子解决方案

案例三　中国高铁走向世界

中国高铁向高铁需求国提供的一揽子方案，既包括技术解决方案又包括融资方案。价格便宜还有银行贷款支持，故而在多个国家，如伊朗、老挝、泰国、巴西等，获得项目。

这种打包解决一系列问题的一揽子方案适用于与欠缺相关技术储备的对象进行的谈判，同时将所有协议一次性协调解决。各个细节挨个权衡拉锯会面临局部失败导致整体工程无法开展的风险，一揽子方案的风险要小得多，而且更能快速完成谈判，考虑到时

间成本这对双方都是有利的。

6.7.3　区分不同的客户

对于卖方来说如果能针对不同偏好、不同需求的客户生产不同的产品，那卖方的利润将有很大的增加。移动通信运营商往往推出多种价格及功能的资费套餐来供用户选择，这样就能把不同需求的客户识别出来，并针对特定种类的客户统一优惠，这样就能留住更多的客户。现在许多商家都实行会员制度，其目的也是通过把熟客与生客区分开来，以留住更多客户，确保长期利润。会员制一般是指客户在该店免费办理会员卡，在该店消费就能在会员卡上积分，积分越多的顾客能享受越多的优惠。这种制度一方面稳定了顾客，经常来买东西的顾客将来也会来买，因为前面有积分积累，商品变得会更便宜。另一方面能对顾客的消费进行记录、跟踪并进行统计分析，这样可以明确自己的消费群体，掌握和了解顾客群的特点，并对市场的变化进行及时调整。从而最终增加企业的收益。

6.7.4　限时抢购、多买多优惠和打包销售

有时卖家会推出限时抢购、买多少送多少的优惠，商品价格看起来非常便宜，许多人都会去买，商品也是在瞬间被抢光。表面上看卖家好像单个商品利润减少了，但其实卖家提高了单位时间的收益，这才是关键。另外，卖家还经常用相对便宜的套餐来吸引消费者，如肯德基的全家桶、食堂的套餐、移动电话的月租服务等。

6.7.5　先声夺人

案例四　漓江渡河

桂林漓江有供玩赏和渡河的木筏，位置最接近游客的木筏聚集地报价会非常高，高到最低价的六倍，而游客们对租用木筏渡河的价格往往没有精确的认识，于是习惯性地砍价一半或考虑到是旅游景区砍价三分之二，即使如此服务提供方也能大赚一笔。

在一些价格非常不透明且竞争不充分的行业中虚报高价等待压价是一种原始但有效的议价策略。

6.7.6　后发制人

如果买方并非行家，店主就可以让买方先出价进而观察买方对商品价值的判断是否准确，如果出价高于自己的心理预期能赚得更多。但这个策略并不绝对，因为有些单一的服务价格在买方眼中是稳定的，所以需要卖方先报价。

如果买方是行家，店主可以先报价限制价格区间，等待压价。

在了解到这两种可能的情况及其原因之后，需要自行判断自己所处的位置按照前面介绍的策略做出应对。

6.8　买方策略

6.8.1　耐心观察

看穿对方的价格预期，表现出耐心，能够负担时间成本。

案例五　批量采购

某教育机构与某电脑公司谈判大批量购买电脑事宜。该机构由于曾经与电脑公司进行过类似的谈判，故在议价中经验丰富，而且清楚自己的需要。而卖方清楚地知道自己同时还有多家竞争对手可作为供应商，但是由于己方有国家政策性补贴，故电脑性价比更高，选择其他公司会让该教育机构有所损失。同时作为教育机构采购物资有时间限定，谈判时间有限，因为开学时学生就要用，经不起多轮谈判和长时间的消耗。而且该教育机构正在发展壮大，以后还有大宗教育设备采购需要，卖方希望能建立长期合作伙伴关系，故出价不会高到让对方感到离谱的程度。

但是当抢先报价的时候，卖方还是报出了 3600 元单台的高价，虽然他们的最高目标是 3200 元，中位价格是 2900 元、价格底线是 2600 元。

而经过几轮周旋双方在 2900 元附近渐进，卖方询问为何卖家要求到货时间比开学早太多，得到答复是：需要提前到货以便安装、检查和调试。于是卖家承包下装配工程并保证在最后期限前完成装配，逾期则将违约赔款。这番妥协终于使得买方停止压价，成交价格最后停留在 2850 元，期间卖方在售后涉及部件范围扩大上作出了让步而相应的买方在价格上做出了让步。双方都有红白脸上场，亦有"降价幅度太大需要请示领导"的说辞。虽然最终决定权在首席谈判代表手上，但是卖方人为制造了僵局，以图表示价格弹性已到尽头。虽然价格或许还能再有所下降，但是由于谈判时限单价最终定格在 2850 元。

从这个例子中我们看到：

（1）人为制造僵局，能让对方意识到这个价格离己方能接受的范围已非常接近，是十分有效的。

（2）看穿对方的价格预期，能以相当优越的价格完成谈判。从上面的例子中该教育机构丰富的经验和对对方价格预期的较准确把握，所以最后得到很好的结果。

（3）后动优势。在有限次出价中，卖方由于能够承担更大的时间成本故而最后出

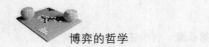

价，协议按己方最后出价达成显然是更有优势的，这种优势被称为后动优势。让对方先出价，有可能对方的出价会比己方的预期的更好，即使不好己方还可还价。这便是所谓的后动优势，比如你去买一个东西，你打算出 5 元钱，但若你让对方先出价，也许对方只要 4 元钱。即使对方开口要 7 元，你也可还价成 3 元，最后再以 5 元钱成交。

（4）表现出耐心，能够负担时间成本。买方在时间期限上有限制，这在谈判中是非常不利的，实际的谈判要尽可能隐藏自己的这种局限。如果成功声称这次采购不同以往有非常大的时间弹性，并拿出可靠的证据使对方相信，就能消除这个劣势，使得买方在谈判中免于劣势。

（5）提供一揽子解决方案，自己获得交货时间弹性空间，省下别处调集电脑的额外运输费的同时也省下了买方的装配调试的费用，达成了互惠。

6.8.2　迎合虚荣心和博弈重复进行的期望

案例六　逛街砍价

某巧舌如簧的男生去逛街，往往选择店主为 20 至 45 岁女性的服装店。和店主谈天气、谈时令、谈经济如何不景气。然后店长妹子、阿姨如何年轻靓丽，店里衣服进货如何有品位。最后假装不经意地问这件衣服价格便宜点卖给我好不好，我还会介绍更多同学来这家店买东西云云。该生屡屡得手让同行感慨万千："这人这么会讨女人欢心，有同学、姐妹之类的一定不能介绍给他，免得被骗走了。"

从这个例子中我们能看到，迎合对方的虚荣心也是一种行之有效的议价手段，毕竟人都不是绝对理性的，对他们的恭维就算本人意识到只是客套话也或多或少有些许影响，这种影响对整个讨价还价会有一定的影响虽然程度不能确定但是值得运用。

介绍同学来该店购买这种说法的意思是让美女店主有博弈重复进行的预期："如果他可能为我带来更多次买卖，那么这次稍微少赚一点钱也可以接受，毕竟之后还有更多潜在的利润。"

6.8.3　合理的威胁

案例七　急卖古董

卖方刚结婚需买房，于是急需将家中一件古董变卖，好不容易找到一个买家。而买方作为收藏家并不缺这一件藏品，所以相较于卖方在这桩买卖中占有更大的优势。如果卖方对古董的底价是 4 万元，买方的出价的上限是 5 万元，无论是由买方先出价还是卖方先出价都会有一轮或者多轮讨价还价。但是如果买方一开始就威胁到："由我开一个价格，而你只需要告诉我同意卖或者不同意卖，我不会还价。"卖方显然不敢出价过高，如果卖方先出价，只能稍高过卖方自己的底线，希望就能成交。

这种威胁，之所以有效在于买方占据了优势，一个威胁是否可信，往往需要考虑威胁实现之后对方的收益。占据优势的买方并不担心因为价格谈崩而失去这个买卖，但是卖方显然担心，故而他不得不在价格上做出相当大的让步。

6.8.4　试探价格底线

案例八　压价、压价再压价

本书第一作者在厦门读书时是个穷学生，常去小商品市场买一些衣服鞋子等日常用品。但是这些东西的价格对外行来说非常不透明，而小店主们有个对买方不友好的习俗：不接受询价，不买之后，再回头按之前的议价结果购买。然而单个商贩的商品没有不可替代性，同一个东西可以在多个铺面中购得，于是，穷学生会在多家商贩处议价，并且统计后对最低成交价格做出预期，并继续询价酌情扩充样本，直到比较肯定低于某个价位是没有商家肯卖为止。最后找一个接收这个价格的其他店主成交。

这可算货比三家，但与以往不同的是购物不能回头。这时候就不能简单地比价，需要作出一定的统计和预测。

6.9　追求双赢

前一些节我们所介绍的策略主要用在谈判中从对方那争取更多的利益，也就是如何赢了对方。但实际上，许多情况下是可以争取双赢的，所以谈判时要首先考虑一下能否双赢。那么这节我们便来谈一下如何争取双赢。

6.9.1　做大蛋糕的能力

案例九　卖画问题

某艺术家画了一幅画，他有两个选择：自行售卖这幅画或者将其置于画廊中寄售。如果自己卖，这幅画能够卖到2000元；如果由画廊代销，能卖到4000元。于是艺术家就会参考画廊给出的价格来考虑是否交给画廊代销。最简单的想法为：如果画廊一定能将这幅画卖出，那么只要画廊给出的价格只要高出2000元艺术家都应该接受，虽然这在直觉上有违公平的原则。当谈判的时候艺术家和画廊都会强调如果自己不合作这笔买卖就不能成立，而画廊实际上需要强调的是：画在艺术家手中并不能确定的被卖出去，而由画廊代销售出的概率大大提高，这样于双方都更有益（做大了蛋糕）。怎样来分这

蛋糕呢? 双方都可以告诉对方: 如果这次合作不能达成, 自己也能用其中消耗的资源去别处换来收益作为威胁的筹码调整利益分配。画家显然可以说自己卖出画就能得到钱, 而画廊可以说自己不必耗资源推销这幅画而是转到其他艺术品在相同的时间得到其他收益, 于是就有了利益分配的参考标准。有了这个标准, 他们便可像前面 6.3 节所讨论的那样, 具体定出合理的分配方案。

由于己方的合作态度而使得总价值的改变就是合作所带来的收益, 而自己这种使得收益增加的能力也可作为谈判时的筹码。

6.9.2　将不合作转化为合作

案例十　南车集团进军沙特

据新闻报道①, 中国南车股份有限公司、中国铁建股份有限公司和北京铁路局一起, 参与竞标沙特阿拉伯一个高速铁路项目。沙特阿拉伯 Binladin Group 组成的财团成员西门子公司, 曾参与项目二期工程竞标, 后来却主动放弃了向沙特阿拉伯这一高速铁路项目提供火车和设备的最初竞标, 改为加入中国南车领导的财团参与此次竞标。因为西门子认识到, 与中国竞标胜算很低, 所以他们明智地加入中国团队, 要不然自己的某家竞争对手就会与中国竞标方合作, 这样他们将一无所获。

从以上案例中可以看到, 在竞标的博弈中, 西门子放弃了与中方直接竞争, 将不合作博弈转化为了合作博弈, 在中方主导的竞标财团中占有一席之地, 并增强该财团的竞争力, 进而达成双赢。蛋糕的分配本来是有你无我, 但你我达成同盟能够更切实的保证大家都有蛋糕可分, 何乐而不为?

6.9.3　充分合作

案例十一　铁道部主管下属公司

中国多家铁路公司实际上都是中国铁道部拥有, 故中国铁道部通常会协调投标事宜, 以避免中国企业之间相互竞争, 而且铁道部还会拿庞大中国市场准入权来鼓励外资企业加入中国财团一起投标。而且中国财团往往是多个上下游企业组成财团, 这不仅避免了中国企业内部之间的竞争, 还能够提供一个全过程的服务, 不但包括上下游配套, 还包括从技术解决方案到融资的内容。这是中国高铁财团的优势, 因此能有效地提高中国集团的中标的可能性。

由于铁道部作为一个主管将下属公司进行了良好的协调, 避免了无谓的内斗, 使其

---

①该新闻出自:《中国企业重塑全球铁路市场:"一个非常有组织性的新现象"》(http://www.dfdaily. com/html/ 113/2010/3/18/352819. html)

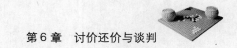

下属机构充分合作，各取所长，共同创造价值。

6.9.4　利益交换

不同的人对利益价值会有不同判断，对一方无益的，可能对另一方有益。那么双方把对自己无益的那部分拿出来互换一下不就是双赢吗？

案例十二　分橘子

妈妈给小明与小华两兄弟一个大橘子，两人想也没想就把橘子对半分了，但是小明拿到一半橘子后，便把橘子果肉扔了，留着果皮准备晒干了泡茶喝，因为他不喜欢吃果肉；而小华拿到一半橘子后，便把果皮剥掉扔了，吃起果肉来（这位比较正常些）。试想如果两兄弟在分橘子前对彼此的偏好有所了解，并相互达成喜欢吃果肉的把果肉全拿去，想要果皮的把果皮全拿走的协议，这样双方的利益就同时增加了，还避免了浪费。

第 7 章

不完全信息博弈

这一章我们讨论博弈者在不知道其他博弈者的准确信息的情况下该怎么办这一问题。

7.1　贝叶斯博弈

不完全信息下静态博弈称贝叶斯博弈（Bayesian game）。在一个这样的博弈中，博弈者有几种类型，不同的类型收益不同；每个博弈者只知道自己的类型而不清楚对手究竟是哪种类型，只知道其各种类型的概率。

本节讨论两个具体的贝叶斯博弈的例子。

7.1.1　女人的心如同海底的针

一个简单的贝叶斯博弈例子是情侣之间周末的选择：去看球赛（B）或者去逛街（S）。其基础是一个完全信息的博弈，收益函数如图 7.1 所示。由图 7.1 可知，男女同时选择 B 或同时选择 S 会是纳什均衡。

		女	
		B	S
男	B	2, 1	0, 0
	S	0, 0	1, 2

图 7.1　情侣选择博弈

然而，如果情侣中的一方知道自己的状况却不知道对方状况又会如何呢？具体地说，男方不知道女方究竟是希望还是不希望与他同行，因为女人的心如同海底的针，究竟在哪里难以搞明白。但知道女方应该是处于两种状况中的一种，可能性各 50%，男方还知道女方两种状况下的收益矩阵如图 7.2 和图 7.3 所示。

		女	
		B	S
男	B	2, 1	0, 0
	S	0, 0	1, 2

图 7.2　贝叶斯博弈——女方希望和男方同行

		女	
		B	S
男	B	2, 0	0, 2
	S	0, 1	1, 0

图 7.3　贝叶斯博弈——女方不希望和男方同行

那么，当男方选择 B 的时候，女方是第一种类型时，会选择 B 以得到更大的收益，是第二种类型时，会选择 S 以得到更大的收益。于是，男方选择 B 的时候的收益是这

两种情况的平均值：

$$2 \times \frac{1}{2} + 0 \times \frac{1}{2} = 1$$

而男方选择 S 时，女方是第一种类型时会选择 S，而是第二种类型时时会选择 B，于是乎此时，男方的收益是这两种情况的平均值：

$$1 \times \frac{1}{2} + 0 \times \frac{1}{2} = \frac{1}{2}$$

由于 $1 > \frac{1}{2}$，男方当然应该选择带来较大的平均值的策略，即 B。确定了男方一定会选择 B 之后，女方会根据自己知道的类型来选最优策略，即若其为第一种类型，女方应选择 B，否则选择 S。

现在我们做一般一点的分析。假设女方愿跟男方去看足球的概率是 x，则女方不愿跟男方去看足球而愿去逛街的概率是（$1-x$）。于是乎男方坚持去看足球的平均收益是：

$$2 \times x + 0 \times (1 - x) = 2x$$

而选择去逛街的平均收益是：

$$1 \times x + 0 \times (1 - x) = x$$

注意任何概率 x 都在 0 和 1 之间，所以若不是女方愿跟男方去看足球的可能性 x 为 0，则 $2x > x$。于是只要女方有一丁点愿意，男方应该坚持选 B 去看足球。看来女人的心也并非海底的针那么难定位啊！

假设男方有女方陪着看球时的收益为 $a > 0$，而陪女方去逛街时的收益为 6，则男方坚持看足球的收益为：

$$a \times x + 0 \times (1 - x) = ax$$

而陪女方逛街的收益为：

$$b \times x + 0 \times (1 - x) = bx$$

于是，只要 $x \neq 0$，若男方将足球看得比女方重要的话（即 $a > b$），就去看球，否则就陪女方逛街。此时，从其选择，女方便可看出自己在对方心中的地位。男方有没有看出这实际上是一个嵌套博弈。如果女方不满意自己的这种地位，或者爱男方不够的话，接下来女方就会做点什么让男方难受的，甚至闹分手。这样的话，男方要进一步想一想：坚持去看足球值不值得？

7.1.2 加多宝与王老吉的爱恨纠缠

大家对王老吉和加多宝凉茶肯定都不陌生，不管春夏秋冬，都会买瓶王老吉或者加多宝凉茶降降火。然而，从 2010 年之后，加多宝和王老吉相互打官司，在广告里言词针锋相对。为何会这样，这里介绍一下它们之间的爱恨纠缠吧。

　　广药集团和鸿道集团从相识、相知到相爱，可谓一帆风顺，令人羡慕嫉妒恨。它们的联姻造就一个凉茶神话，加多宝的推动开启了王老吉的品牌之路，它们相拥的里程是很精彩的。加多宝和广药集团这么多年的美好合作后，红色罐装王老吉在加多宝的多年经营下，在 2011 年销售额达到了惊人的 160 亿元，一举超越可口可乐和百事可乐，夺得了全国罐装饮料市场销售额第一名。广药集团自营的绿盒王老吉的销售额也从 4000 万达到了 19 亿元[①]。王老吉的品牌价值达到上千万，几乎家喻户晓。但是在这表面美好婚姻的下面其实暗藏着很多爱与恨的纠结，最终它们没有逃脱离"婚变"的命运。到底是谁动了谁的奶酪？最终又到底是谁伤害了谁？离别后的单身生活又将会怎样？没有加多宝的王老吉将何去何从呢？没有王老吉的加多宝又是否能够再创辉煌呢？我们来听听市场的声音，来听听品牌的呼唤吧。

　　2014 年，王老吉和加多宝的精彩博弈还在持续，目前的竞争态势好像是加多宝稍微领先于王老吉，居于主导地位。但未来谁是真正的赢家还是取决于双方的实力以及双方所采取的战略。双方的实力不是这么轻易就能评估出来的，因为决定因素不是在它们自己手上，而是在消费者的手上，在于市场的选择。它们所需要做的就是如何赢得消费者的心，正如得人心者得天下，失人心者失天下。得消费者心者得市场，失消费者心者失市场；所以加多宝和王老吉只有在真正交锋之后，市场选择的结果才能最终评估它们的实力如何。当然，各方都知道自己真实的实力到底怎样，能做到什么程度，但却不知道对方的实力到底如何，跟对方一对比不知道是实力弱、实力强还是实力相当。所以加多宝和王老吉各自对于对手究竟是哪种类型，并不清楚，然而和对手作对比，也无非强、弱和相当三种情况。在这里，双方的实力还无法精确评估，就算目前加多宝略有优势，但随着时间的变化，还是无法得知哪种情况的可能性大些。因此，我们假设双方都知道对方对于自己而言有三种类型，每种类型出现的可能性都是 1/3。该博弈的收益如图 7.4 所示：

	加多宝	
	趁势打压	正常发展
王老吉　全力竞争	x, y	2, −1
正常竞争	−1, 2	0, 1

图 7.4　加多宝和王老吉爱恨博弈

　　如图 7.4 所示，加多宝要是趁势打压王老吉，而广药集团也拼着全力竞争发展王老吉，双方的竞争必然会使两个品牌的价值增值，整个凉茶市场有所增大，双方的销售额

---

①引自 http：//tea. fjsen. com/view/2012 − 02 − 04/show38320_3. html.

也都会有所增加。但这时两者在竞争上花费的成本会高出很多，而得到好处的是广告商和经销商。而最终两者的收益决定于两者的实力，谁的实力大最终压倒对方，这还是一种未知的局面，所以在表7.4中用 x 和 y 来表示。面对加多宝的趁势打压，王老吉如果不反抗，只是正常竞争，这时加多宝打压的成本会减少，加多宝的品牌价值增值较高，销售额增加也较高，独占大部分市场，成为赢家，收益为2。而由于王老吉的正常竞争，加多宝也无法完全把王老吉驱逐出市场的，所以王老吉会占据一定份额的市场。但王老吉品牌的价值会有所降低，市场会有所缩减，收益为 -1，这种情况是加多宝胜过了广药集团。要是加多宝对广药集团全力发展王老吉不加以打压，正常发展，那么王老吉凉茶的发展势必会占据凉茶市场，重新赢回市场，加多宝的销售额会有所降低，王老吉的销售额会大幅度地增加，可能会出现两大凉茶品牌共同占据大部分凉茶市场的局面。这种情况下，加多宝的收益为 -1，王老吉的收益为2，是王老吉战胜加多宝的局势。最后一种情况就是双方都不完全清楚对方的实力，加多宝选择的是不打压，双方正常发展，正常的竞争，在现有局势左右徘徊，但现有状况加多宝的收益为1，广药集团的收益为0，加多宝稍微战胜广药的情况。

从上述分析中可以看出，不管加多宝的态度如何，王老吉选择不反抗、正常竞争都是败给了加多宝，并且获利的机会很小；选择反抗、全力竞争则有可能反败为胜，有可能取得更大的胜利。基于人好胜的心理和爱面子的荣誉心理，两家的实力对比到底如何还无法得到明确的答案，所以，广药集团势必会大力发展王老吉。而加多宝选择不打压的话，最终是一个惨败的结果，所以加多宝也只好选择打压，这样两者的未来局势仍是一个未知数，完全取决于双方的实力和谋略。该博弈三种情况下的收益矩阵分别如图7.5、图7.6和图7.7所示：

		加多宝	
		趁势打压	正常发展
王老吉	全力竞争	-3, 4	2, -1
	正常竞争	-1, 2	0, 1

图7.5　加多宝、王老吉博弈：加多宝实力大于王老吉实力时

		加多宝	
		趁势打压	正常发展
王老吉	全力竞争	-2, -2	2, -1
	正常竞争	-1, 2	0, 1

图7.6　加多宝、王老吉博弈：加多宝实力与王老吉实力对等时

加多宝

王老吉		趁势打压	正常发展
	全力竞争	4，−3	2，−1
	正常竞争	−1，2	0，1

图 7.7　加多宝、王老吉博弈：加多宝实力弱于王老吉实力时

　　上述每种情况出现的机会都是 1/3，每一方都不能确定对方对于自己来说是哪一种情况，所以博弈者双方的类型对于对方来说都是不确定的，但知道出现的概率是多少。加多宝和王老吉对自己的实力还是清楚的，可以确定自己的实力大小。例如，加多宝认为自己的实力是 3，而认为王老吉的实力是大于 3 时，那么，加多宝认为王老吉的类型是强势的；认为王老吉的实力等于 3 时，这时加多宝认为王老吉的类型是对等的；认为王老吉的实力小于 3 时，这时加多宝认为王老吉的类型是弱势的。同样，王老吉也可以这样分析。双方都知道对方每种类型的概率，但不知道是具体哪一种，收益函数虽不是共同知识，但可以采用贝叶斯博弈来分析，利用海萨尼转换，将不完全信息转化为完全但不完美信息，从而可以用分析完全信息博弈的方法来进行分析。加多宝和王老吉的类型决定着自己的收益函数，市场和消费者作为了自然的代表，决定了他们各个类型出现的概率或是概率密度函数。

　　事实上，上面三种情况出现的概率在现实生活中可能不是真正的相等。按目前加多宝稍微处于领先和主导地位的形势来看，自然貌似偏爱加多宝多那么一点点，加多宝赢的机会会多那么一点点。这样的话会有下面三种可能的结果：一是双输局势，渔翁得利；二是双赢局势，整个凉茶市场增大，成就了第二个百事可乐；三是加多宝战胜王老吉，王老吉成为了下一个健力宝。所以，王老吉极力发展自身品牌是冒着一定风险的，如果一不小心成为了下一个健力宝，那么，就有点得不偿失了。

　　当然，加多宝和王老吉各自占据优势，随着时间的变化，上面三种情况出现的概率是会改变的。加多宝和王老吉一直在发展，处于动态过程中，我们不能把他们静止在某一个时间点，一个时间点上的结果无法说明什么问题的。所以，尽管加多宝与王老吉无法重新携手共同创造中国凉茶的佳话，但这次的凉茶之争增大了整个凉茶市场，完完全全地打响了加多宝凉茶品牌，也使王老吉凉茶更深入人心。所以，加多宝与王老吉这样一个看似双输的博弈也许会扭转乾坤，成就一个更好的双赢结果。我们可以根据掌握到的信息来预测上面三种情况出现的概率各是多少，再根据贝叶斯博弈的解法来提前预知一下后面近期一段时间他们争斗的结果。

　　加多宝和王老吉可以退一步思考一下，如果它们继续争斗下去，会造成特别惨重的结果，那么，何不在现在就改变一下自己的方针政策？这样才能避免造就悲惨结果，才不至于到时后悔。不过，加多宝和王老吉之间的爱恨纠缠没那么容易就可以理清，没有

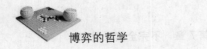

那么容易就可以预测结果。市场太复杂，变动因素多，不确定因素多，我们只能借助博弈论来分析预测结果。接下来大家可以等着好好看看一下加多宝和王老吉的未来究竟如何？我们也期待着未来真实的结果带给我们真正的答案。

7.2 柠檬市场与逆向选择

7.2.1 基本概念

所谓的柠檬市场是次品市场的俗称，因为柠檬在美国俚语中表示"次品"或者"不中用的东西"。柠檬市场更正式一点的名称是阿克洛夫模型。在这样的市场中信息是不对等的，卖产品的一方对产品质量的信息的掌握比买产品的一方对其信息的掌握更多，我们考虑一种极端的情况，在这种情况下市场会逐渐萎缩甚至最终消亡，这也就是我们平时说的逆向选择。柠檬市场效应是由交易双方信息不对称和市场价格下降产生的劣质品驱逐优质品，进而出现市场中交易产品的质量逐渐下降的情况。

阿克洛夫在 1970 年发布了《柠檬市场：产品质量的不确定性与市场机制》一文[①]，其中举出了一个二手车市场的例子。在这样一个二手市场中，车都是用过的，究竟是好是坏，显然卖家比买家拥有更多的信息，二者是信息不对称的。由于买者肯定不相信卖家天花乱坠的说辞，所以就会不断地压低价格来避免买到不值的车而遭受到的损失；但越来越低的价格使得卖家不愿意卖质量高但价格低的二手车，因为卖不出一个高价就会亏本，从而劣质品充斥在市场中，高价车被逐出市场。大家都知道没好车，于是进一步压价，这样二手车市场就会不断萎缩。选择的结果朝越来越差的方向进行，故称为逆向选择，通俗比喻是"劣币驱良币"。"劣币驱良币"原本指的是在铸币流通时代，成色好与成色不好的铸币在市场上一起流通，久而久之，成色好的良币逐步退出流通转为储藏，而留在市场上流通的都是成色不好的劣币。这样，劣币把良币赶出了市场。在中国，早在公元 2 世纪的西汉年间，著名思想家贾谊就指出了"奸钱日繁，正钱日亡"，实际上就是劣币驱良币的意思。

许多大学通过学生评教来观察老师的教学质量和水平，以此来评定职称及奖励等。但是，很多学生会由于心理惰性等原因，对课堂不点名、考试简单、给分宽松的老师高分，而不管该老师教学质量如何；而优秀且富有责任心的老师由于上课严苛、给分严格

---

①阿克洛夫这篇文章最先投稿到《美国经济评论》，然后再投稿到《经济研究评论》，结果都被退稿。但他并未放弃，最后该文在《经济学季刊》（*The Quarterly Journal of Economics*）上发表，开创了逆向选择这一个研究领域，并于 2002 年获得诺贝尔经济学奖。

而被同学们给予低分，从而影响老师职称晋升。这样一来，好的老师也只好对学生变成考试简单、给分宽松，从而导致学校整体教学质量下降；或者好的老师得不到应该得到的职称及奖励，只好走人。这样的结果也会导致学校教学质量不断下降。

上面这个例子就是讲述了一种逆向选择的结果，从而造成了劣币驱良币的最终后果。在经济学中，逆向选择的含义非常丰富。在经济和社会生活中，很多因为信息不对称而导致的行为主体做出不利于自己的选择的现象，都被归结为逆向选择的现象。

7.2.2　食品市场的逆向选择

举一个现实生活中常见的例子。水果市场上买苹果的商家有卖好苹果的，也有卖差一点苹果的，但是都是一个价格。一旦有顾客买到了差的苹果，再买的时候就觉得价格不是那么合适，就会讨价还价，价格就降了下来。那么所有的苹果价格都下调之后，卖好苹果的商家就会觉得不划算，会亏本，也就换成卖质量差一点的苹果。这样，市场上就只有差苹果在卖了。

同样，2008 年令人震惊的三鹿奶粉三聚氰胺事件中，三鹿公司通过使用三聚氰胺来假装增加了奶粉中蛋白质含量以降低奶制品成本，骗得物美价廉的美名而在中国奶制品市场占有很大的份额。可想而知，由于三鹿公司的这种恶性竞争，其他的奶制品公司由于市场竞争压力大不得不转而使用三聚氰胺降低成本，所以使用三聚氰胺来假冒奶粉中的蛋白质成了中国奶制品企业心照不宣的一件事情。在 2008 年的奶制品市场中大多数的公司被都检出了三聚氰胺，包括知名品牌蒙牛等。这就是我们常说到的"劣币驱良币"的现象，这也是由于消费者的逆向选择所导致的。所以今天中国很多冒牌的伪劣产品，也许与我们喜欢便宜东西不无关系。

在生活中尤其是商场上，劣币驱良币的例子也屡见不鲜。早年著名的游戏机公司任天堂曾经推出过一款俗称红白机的游戏机，由于游戏机的市场庞大。中国小霸王公司顺势而出，推出与任天堂游戏机很相似的产品，它相对于中国玩家来说比任天堂的游戏机更加能够兼容中国市场的游戏卡带，又由于低廉的造价和不需要进口关税的优势，尽管不过是质量较差的山寨机，但却称霸中国玩家市场。

7.2.3　高校职称评定的困境

长期以来，中国高校职称评定的标准是教师的论文发表数量。但一些学术严谨而且要求高的老师希望自己的论文发表在高端学术期刊上。不过高端学术期刊要求特别高，高水平的论文写起来也很难，而且耗时极长，投稿后发表的概率也极低，故而学术严谨的老师发表论文数量少。而有一些教师做论文仅仅希望自己能够尽快升职称，于是，在低端学术期刊发表很多文章。这样一来，后一种教师由于发表的论文数量多而升职称比前一种老师快，慢慢地高校中职称高的老师水平都一般般了，学术严谨而有热情的老师

可能会由于心理落差太大而离职或出国甚至转行等。

当然，现在有些高校管理部门也意识到了这个问题，要求一定要有几篇高端论文在高端学术期刊发表才能晋升高级职称。当然，什么是高端学术期刊呢？这也是一个大问题。中国科学院弄了一个国际学术期刊的分区表，高端学术期刊当然应当是指分区表里1区和2区的期刊。中国计算机学会也弄了一个类似的表，将期刊和会议分成三类：A类是顶端，B类是高端，C类是一般。如果各校按照这样相对客观标准来评职称，也算不错。但实际上是各校，甚至各系，自定义什么叫高端期刊。按这样自定的标准能产生一代宗师？面对每年对教师的职称评定，学校领导也会想，若不这样办，那些工作了许多年，没功劳也有苦劳、没有苦劳也有疲劳的老师怎么办？中国要建立起世界一流大学的路还很漫长。

7.2.4　美女为何配不到帅哥

在婚恋角逐中，也存在着劣币驱良币的现象。假定现在有三个人，优质男甲（简称甲）、劣质男乙（简称乙）、美女丙（简称丙）。从资源配置的角度来看，甲丙的结合是最好的结局了，但是现实生活中可能并非如此。甲自身条件以及客观条件都不错，所以选择面很广，选择在美女丙那"一棵树上吊死"的必要性不大。而让美女丙去倒追甲可能性也很小，因为她从小受人喜爱，高傲得很。而乙可能会因为自己本来条件不好，于是孤注一掷，以索性一搏的心态更加拼命地追求美女丙，这样在美女丙看来，乙比甲看起来更加爱恋自己，最终很可能被乙打动并与乙在一起。于是又多了一个穷矮搓娶得白富美的励志故事。当然，太穷的话，这样的婚姻也难维持下去，因为女人婚后都希望过好一点的生活，给子女提供好一点的生活。爱是第一的，但在现实生活中，一定经济条件也是需要的。光讲钱是不对的，而完全不讲钱则是不行的。

7.3　如何应对逆向选择现象

通过上面一节的几个例子，我们可以看出，劣质产品成本低、价格低，因而容易挤占优质产品市场，最终很大可能逼迫优质产品加入劣质产品行列或者退出该行业。那么，在这种情况下，如何保证所有的竞争博弈者都能够不转变成为"劣币"呢？这节我们就讨论一下这个问题。

7.3.1　政府监管和道德教育

在应对逆向选择时，首先，政府要加强监管的职能，监督市场上的劣质产品，保护知识产权，维护公民的合法权益。其次，政府应该立法保护消费者以及知识产权所有者的切身利益，对于市场上出现的劣质甚至有毒有害不安全的产品，应该加大打击和惩罚力度，使得他们再难翻身。例如，在新加坡，卖假货一旦被发现，就会被罚到破产，故在新加坡很难买到假货。又如，在香港，食品安全法律是十分严格的。[①] 若是出售任何人不宜食用的食品，那就是犯罪，必被重罚。这样就有效地遏制了售卖不安全的食品行为。相对而言，内地就没有十分明确规定售卖不安全食品应该重罚或入刑，而主要是讲罚多少钱、责令停止营业、吊销许可证等。与香港的重罚制相比，这种主要以罚款了事的方法，用博弈论来分析，根本不能有效遏制售卖不安全食品的行为。比如，某企业生产和销售不安全的物品赚了100万元，但通过采取相应的规避措施，最终只需交20万元的罚款。那么，对该企业来说，这个法律责任只不过是一种生产成本，100万元减去20万元还赚了80万元，根本无法遏制违法行为。所以，这种罚款式的法律责任若没有很好地结合市场运行的规律，就只会成为一种没有"实际"制裁效果的道德性说教。

当然，我们不仅应该从政府的角度来防范竞争博弈者的背叛，同时还应该加强社会责任感和自觉的意识。我们每个人都是社会博弈者，每个人都有义务有责任维护这个良好的社会。同时，从一个企业来讲，良心是最吸引消费者的品质，坚持做到对消费者有良心，生产放心产品就必然会吸引一大批消费者。有一批忠实的用户，从而建立良好的消费者口碑，这样企业就不需要用降低产品质量来换取利益的最大化。纵观当今市场上各大型企业，如苹果、微软等知名企业都是通过不断完善自身，坚持原则才得以日益壮大。中国古话有说："小胜靠智，大赢靠德。"企业有社会责任感，讲道德才能得到消费者的信任，生意方能蒸蒸日上。而一些没有社会责任、道德不合格企业，则会渐渐退出市场，远离大众视线。

7.3.2　食品安全问题

前面提到了香港对于食品安全在法律监管上面的严苛。其实，在香港，有着完善的食品安全监督的机制，这种机制不止体现在法律的层面。下面我们来看看香港食品安全机制：

（1）食品安全中心在食品环境卫生署下单独设置，并且不同人员具体负责不同的区域食品安全方面的监督局工作。整个安全中心专门负责食品监察、管制、风险评估等事宜。

（2）食品安全中心的组成人员一般具有很强的专业背景。

（3）食品安全方面的法律体系完备，法律责任严格。

从上面的三点我们可以看到，单独设立的食品安全中心，可以在发现问题的第一时间进行监察和管制，而不需要等层层汇报而耽误时间。同时，食品安全问题是具有隐蔽

---

①引自 http://jjckb. xinhuanet. com/2012 - 12/31/content_421344. htm.

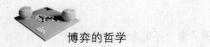

性的，没有专业知识背景的人很可能不能从一些汇报中获得有价值的信息从而无法发现重大问题。法律制度的完备为上面的两点提供了有利的支撑同时有效地震慑了有问题的商家。

相对于香港，内地的食品安全监察机关构成复杂，层级甚多，一旦发现问题，越级汇报是不可能的，而层级汇报既耽误时间又延误了监察。执法监管与专业检测相互分离，造成了外行人管理内行人的局面，不好开展工作。同时，简单的食品安全罚款机制等容易使投机的人钻法律的空子从而没有震慑到卖假的商家。

所以，我们应该找到一种方法去很好地识别和惩罚"劣币"，从而很好地实施激励和惩罚机制，使得社会良性地运行下去。

7.3.3　在职场中胜出

在职场生活中，有些职员周围的同事难免会在工作勤快和工作偷懒的人群中浑水摸鱼，但领导很难发现。其他人看到偷懒的人不会被惩罚，反而和工作勤快的人待遇相同，进而工作勤快者也会渐渐产生惰性而变成浑水摸鱼者。对于这种情况，解决之道是，一方面职员需要主动让老板知道自己是"良币"，比如主动接近领导，抓住一切机会向领导"吹嘘"一下自己。另一方面，老板也需要通过一定的方式去评估究竟哪一位职员是"良币"，哪一位职员是"劣币"。

		同伴	
		努力	不努力
你	努力	20，20	5，25
	不努力	25，5	10，10

图 7.8　工作博弈（Ⅰ）

下面我们先来看一个例子。假设你和一个同伴同时就职于一家公司，图7.8代表你和你的同伴在不同状态时工作所获得的收益。从这个图很轻易看出来：若你努力，你的同伴最好不努力，而你的同伴不努力的话，你也最好不努力。这样最后大家都变成不努力了。

来看一下公司的情况。

（1）当你和你的同伴同时努力工作时，公司有80%的可能性获得100的收益，20%的可能性获得0的收益，所以，公司的期望平均收益是：

$$100 \times 0.8 + 0 \times 0.2 = 80$$

（2）当一人努力另一人不努力时，50%的概率获得100的收益，50%的概率获得0的收益，所以，最终公司的期望平均收益是：

$$100 \times 0.5 + 0 \times 0.5 = 50$$

（3）当两人均不努力时，公司有 20% 的可能性获得 100 的收益，80% 的可能性获得 0 的收益。所以，最终公司的期望总收益是：

$$100 \times 0.2 + 0 \times 0.8 = 20$$

老板可以通过总收益来判断两位职员的工作状态。当总收益是 80 的时候，两位员工都在努力工作；当总收益是 50 的时候，两位职员其中一位是不努力工作的；当总收益是 20 的时候，两位职员都没有努力的工作。那么这时候老板就需要在收益为 50 的时候区分出两位员工谁没有努力工作。如果收益是 20，老板就应该想办法激励员工从而使他们都努力工作。

现在的企业都采用绩效考核的管理制度，人力资源部门每个月对员工的表现和贡献以及错误计算一定的分数，通过这个分数对员工进行奖励或者惩罚。这是公司对员工的考核制度。同样，努力工作的员工也应该通过一定的方式适当地表现自己，从而让上司识别出自己是"良币"。

那么，作为老板领导，你该如何激励自己的员工都努力工作使其收益如图 7.8 左上角所示？这就需要建立激励和惩罚制度，比如使努力工作的人奖励收益为 5.1。这样图 7.8 就转变成了图 7.9。

		同伴	
		努力	不努力
你	努力	25.1，25.1	10.1，25
	不努力	25，10.1	10，10

图 7.9　工作博弈（Ⅱ）

从图 7.9 中，我们可以看到，大家同时努力工作的收益比自己浑水摸鱼要高出一些，也就一定程度上激励了一些原本打算不努力的职员努力工作。这时老板可以这样对员工讲，如果公司的收益在 80，我会给你们发 25.1；如果公司的收入为 20，每人是 10。

同样，我们也可以建立一个惩罚制度，对于不努力工作的人惩罚 5.1 的收益。这样图 7.8 又转变成了图 7.10。

		同伴	
		努力	不努力
你	努力	20，20	5，19.9
	不努力	19.9，5	4.9，4.9

图 7.10　工作博弈（Ⅲ）

从图 7.10 可以看到，一旦你选择努力，就永远比选择不努力的收益要高出一些，从而一定程度上对职员们的懒惰心理产生了遏制的效用。这时老板可以这样对员工讲，公司的总收益是 20 时，你们工资是 4.9；若公司的收入为 80 时，则每人 20。

从上面的图中，我们能看到，只要领导者准确地识别了"良币"与"劣币"所造成的后果，就算不能识别谁是"良币"谁是"劣币"，也能够最大程度地发挥奖励和惩罚机制，从而保证"良币"继续积极地工作，并将想浑水摸鱼的"劣币"转变成努力工作的"良币"。

当然，这 5.1 的奖励或者惩罚在现实生活中也许并不能很好地激励大多数人，我们在这里只是提供一种激励或者惩罚机制的思路。我们建立的这样两种机制在现实生活中常常是相互结合、相互配合来使用的。公司通过绩效考核等方式来给出每个员工相应的分数，从而得到相应的奖励或者受到相应的惩罚。那么，这样的机制建立起来之后如何使得职员们相信它是可信的呢？这也就是上面提到的我们需要建立另一种机制去识别"良币"和"劣币"。作为众多职员中的一员的时候，你怎样使你的"良币"性质展现出来让领导看到而又不过分张扬呢？在下一节我们来继续讨论这个问题。

7.4　信号博弈

信号博弈是不完全信息博弈下的一类比较简单且应用十分广泛的动态博弈，最早是由斯宾塞（Spence）对其进行了阐述，该成果于 2001 年获得诺贝尔经济学奖。

在一个信号博弈里有两个博弈者，分别为信号的发出者和接受者。信号发出者自身拥有很多种类型，称之为状态。发出者在发出信号前都要好好审视自身的状态，这大致相当于要搞清楚自身的实际处境。发出者根据对自身类型的判断，从自己可以发出的信号集中选取一个信号发出。而此时，信号接收者就要根据发出者发出的这个信号来推测发出者的状态，从而做出相应行动。所以总体来看，在信号博弈当中，两个博弈者获得的回报是取决于信号发出者的自身类型、发出者选择发出的信号以及接受者做出相应行动。

在信号博弈的结果当中，可能出现三种均衡情况：

（1）分离均衡：信号发出者根据自己的类型发出对应而且各异的信号，这就是说不同类型对应不同信号。所以在这种情况下，接受者可以通过自己接收到的信号来准确地判断发出者本身的类型是什么，因而作出符合自己利益诉求的行动。

（2）混同均衡：信号发出者不管自己是什么类型，都总是发出同一种信号，这就使得接收者无法根据所收到信号来判断发送者的状态，也就无法对于自己关于发出者的信念作出修正以及采取恰当的应对措施。

（3）半分离均衡：信号发出者在一些类型的境况下随机选择信号发送，同时另一些类型下选择特定信号发送。这样接收者得到某些信号时能够准确无误地判断发送者类型，有些时候又不能判断。但是多少会对之前对于发出者的信念做出修正。

以下我们通过一些信号博弈在实际生活中的具体案例体现，来丰富大家对于信号博弈的认识。

7.4.1 信号传递

由于信号博弈几乎可以说在日常生活当中无处不在，因而有许多实际的信号博弈案例，可供大家参考，启迪大家在生活中怎样应用该博弈的原理。

案例一 情人节买玫瑰

众所周知，情人节当天，恋爱中的男主角都会赠送给女主角玫瑰花束以表爱意。大家都知道情人节当天的玫瑰比平常价格贵好多。为什么男主角们依然争先恐后地去购买？这其中的原因除了情人节的寓意之外，也更是暗含了男主角向女主角释放信号的行为，通过在情人节送玫瑰来让女方知道自己买得起贵重的东西从而告诉女方自己的经济条件不错，以及表明女友她在自己心目中的价值，以此加强双方的感情。从中我们看到，男方情人节送玫瑰也是释放信息的行为，是信号博弈的应用。

案例二 豪华银行

每当我们走进银行的时候都会发现，无论银行是大是小，银行内豪华的装修、干净整洁，给人以舒适、明亮的感觉。其实，银行的钱大部分都来自于客户存款。但是，没有多少自我资产的银行却要花费重金来给自己的银行做装潢，这其实也是银行给客户们释放的一种信号，就是告诉客户本银行资金充足不差钱，您尽可放心地将钱存在我们这里，从而达到吸引存款的作用。由此可见，银行用豪华的装饰来吸引客户存款，实为一种银行与客户间的信号博弈。

案例三 论文排版

我们都知道论文的排版格式规范，这是对于论文尤其是重要学术论文的最基本要求之一。但论文本身的核心质量主要取决于论文的学术原创性、价值以及内容的正确性，这和排版这种表面上的东西并没有太大关系。但是本书第一作者多年参与国际、国内期刊和会议的审稿工作中却发现，排版规整的论文更容易被录取。其实，这是因为漂亮的排版是向论文审查者释放一种信号，若是原创性、价值和正确性不高的话，作者不会花大量的时间将所有细节都搞得这样完美。因此，审阅者往往将排版这种小事都搞得这样好的论文认为一定是精品；连排版这些小事都搞不好的作者不过是初学者，做出好工作

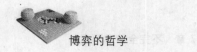

的可能性不大。实际上，通常审阅者都是一些大忙人，而且也不可能什么都懂，所以，只能通过检查表面的东西来推断本质的东西。话还得说回来，连表面上的东西都搞不好，是难以让人相信本质性的东西却能搞好！规范的论文排版是一篇好论文的基础，这也是信号博弈的体现。

案例四 简历中的薪资要求

每到大学生快毕业的时候，也就是招聘季，很多大学生都会向多家用人单位投简历（用人单位海选，同学们也只好海投）。简历当中就包含一项自己对自己的薪资要求。我们会发现，即使是第一次找工作的应届毕业生，对于自己的薪资要求并不低。因为薪资要求可以体现自己对本身的估价，较高的薪资要求是在向用人单位展示自己不俗的能力，因而才有资格拿到这么多薪水。这也是向他人释放信息从而达到自己的利益的例子。当然，薪资要求也不能高得离谱，否则用人单位会认为申请人是个不切实际的人，根本就不予考虑。

案例五 裁员还是减薪

当一家公司的经济效益下滑的时候，时间一长，必定面临究竟是裁员还是减薪的问题。裁员就会使得其他员工对公司的忠诚性降低，而降薪则会使得努力工作的人觉得自己的付出与收获不相等从而跳槽。那么，究竟这样一家公司应该减薪还是裁员？事实告诉我们，绝大多数公司会选择裁员。首先，裁员而不减薪会很大可能性地剔除掉团队中浑水摸鱼者，使得努力工作的职员得到保护。其次，裁员对于职员来说是一个可信的公司财务危机的信号，从而使得他们相信公司的经济状况出现问题而更加愿意帮助公司。但降薪一方面打击了努力并且积极工作的高质量员工，同时不能有效地使员工知晓公司经济现状，反而引起大家对公司的怀疑和不满，从而流失人才。

案例六 一起工作还是独行

许多博士生常常躲在宿舍、图书馆或者教室学习，和导师很少见面。这样一来，导师很难和博士生有进一步的交流，也不能很好地观察学生是否努力学习，有没有在做课题，也不易发现问题从而给学生及时的指导。而学生也觉得和老师距离遥远，没有学到什么东西。所以，现在有条件的学校应该给博士生单独留出一些固定办公室，这样就有老师和同学们相互交流的地方，老师能够通过观察学生是否在那里学习而得知他有没有努力。这样就很好地督促了学生的学习，使得我们大学的研究水平得到提升。

实际上，博士生通过在导师能看到的范围内学习，是在向导师释放自己在认真学习、努力做学术的信号。而导师们通过这样的行为接收了学生们的信号，从而为自己下一步的研究生培养计划而做出调整。学校向博士生提供这样的固定办公室，实际上就是在设计一种机制，使导师们和学生们相互准确识别和接收，使教与学的工作做得更好。

案例七　下级向上级传递自己是忠诚的信号

大家都知道"疑人不用，用人不疑"这句成语，实际上是讲上级要相信下级的忠诚，敢于放手让下级去做，事情便能干好。那么，对下级而言，怎样让上级相信自己的忠诚呢？我们来看一下秦朝开国名将王翦的智慧。[1] 战国时期，秦始皇派王翦率 60 万大军伐楚，出征之日始皇亲到灞上送行。临行前，王翦请求始皇赏赐大批田宅。始皇不解，问道："将军即将率大军出征，为什么还要担忧生活的贫穷呢？"王翦答道："臣身为大王的将军，立下汗马功劳，却始终无法封侯。所以趁大王委派臣重任时，请大王赏赐田宅，好作为子孙日后生活的依凭。"秦始皇听听后不禁大笑。王翦率军抵达关口后，又曾五次遣使者向始皇要求封赏。此时王翦的一些朋友就有点担心他，于是劝道："将军要求封赏的举动，似乎有些过了吧？"王翦说："你错了。大王疑心病重，用人不专，现在将秦国所有的兵力全部交到我手里，我如果不为子孙求日后生活保障为借口，多次向大王请赐田宅，难道要大王坐在宫中对我生疑吗？"

熟悉历史的人都知道秦始皇生性多疑，王翦这样做实际上是向秦始皇传达自己是"胸无大志"的信号，让秦始皇相信他虽手拥重兵却无取代秦始皇之心，只是希望能够和家人一起安度晚年，死后可以留下一笔财富给子孙，给他们一个普通的土豪财主生活。秦始皇也通过王翦的这种表现认为他是可信可靠的，从而放手让王翦统领 60 万大军。王翦拥重兵顺利赢得战争，并使得自己平安地度过余生，不可谓不聪明！

我们从这个例子看到，通过一些生活细节传递信息也是非常重要的。有的时候说出来的话就算是信誓旦旦，也可能不如做一件具体的事情。所以，如何传递信息也是一门艺术，与我们的生活也息息相关。

7.4.2　信号甄别

在上一小节，我们讨论了信号发送者如何选择正确的信号来发送。在这一小节里，我们来讨论信号的接收者是如何从一个信号来分辨信号发送者的真实情况。

案例八　精装书或平装书

在书店买书时我们都会注意到很多书籍有区分装帧是精装还是平装的。书店作为卖方，为了区分顾客的经济能力和购买能力而做的一种区分。通过顾客所选购的书籍是精装还是平装，来识别顾客的经济水平。在这当中，顾客通过自己选购图书的类型来向外释放有关自己的信息，而书店一方接收这些信息，对顾客作出判断。喜欢精装书的不差

---

①这个例子取材于 http：//ewenyan. eom/articles/wy/8/41. html.

钱，可以很贵卖给他们。若是平装书就赚不到这额外的钱了。

案例九　会员制

现在各类店铺几乎都在实行会员制，这其实也是一个信号博弈。因为会员制一般都要求想成为会员的人要一次性支付较大金额的款项，并且成为会员后所得到的优惠要长期光顾才能得到。这样，成为会员的顾客就会在很长时间里都来光顾，否则会员就亏大了。于是，店家就很好地把熟客和生客区分开来，在短期获得巨大利益的同时还留住了顾客，获得更大的长期利益。

案例十　如何识别忠心的大臣

赵高"指鹿为马"的典故大家一定都很熟悉了。赵高故意将鹿说成是马，然后问众大臣对不对。如果和他自己说的一样，也就是故意跟着他把鹿说成马，那么说明这个人是忠于自己的。如果这个人坚持事实，说这个就是鹿，那么说明这个人是不忠于自己的，不便于自己管理的。这里赵高作为上级通过这样的方式来让自己的下级主动放出信号，自己则接收信号来识别属下是否忠于自己。

有一个招聘秘书的例子也类似。一名老板乱画了一张画。面试的时候拿出来问应聘者画的是什么。一个讲是马；另一个讲是驴，还讲出一大堆理由来力争自己是正确的；第三个回答说："您说是啥便是啥"。老板对这样的回答很满意，因为好秘书应当是根据他的指令去办事，而不是自以为是根据自己的理解去办事。这如同我们使用计算机，我们按 A 键，当然希望屏幕上出现的是 A，而不是 B。现实生活中许多人都喜欢与老板死掐，老板让做 A，他偏做 B，还占用老板大量时间争个对错。我们可以告诉老板那样做不对，但老板之所以是老板，因为他们有全局观，我们只能看到局部，局部最优并不代表全部最优。当然，老板并不一定不会犯错，下属告诉老板自己看法的就算尽忠了，老板不同意也没必要与下属死掐。当然，老板也不要听到有不同意见就大怒，应该仔细想想，是否有合理的地方可用于改进工作。如果感到下属的意见的确不行，告诉他的不行便是了。若总是一听到不同意见就大怒，有可能失去一些可以改进工作的好建议，还可能失去民心，让大家工作没有了干劲。

案例十一　移动通信商的智慧

移动通信服务商往往将服务组合成不同的套餐针对不同的人群，通过这种方式来区分不同的客户群体，当客户群体区分得越细致，就能够满足更多人的不同需求从而吸引更多的客户。这是移动通信服务商通过这种方式来甄别信号，从而获得利益最大化。

案例十二　经济适用房到底谁住了

政府这几年在各地建筑并推行经济适用房，从而解决收入水平偏低或者中等的人群住房问题。由于房子的质量很好，于是由于一些收入高的人明白了如何搞这样的房子后，也住进了这些经济适用房，从而使这种房屋没有完全起到让收入水平偏低的人都有房住的作用。针对这样的现象，政府应该能够正确甄别申请者的信号，才能使应该获得这些房屋的人群获得它们。那么，应该怎么做呢？政府不应该将经适房建造得太好，应该降低标准，使得这样的房就应该是穷人住的。这样，因为房子质量差，富人就不会和穷人争夺经适房的名额。虽然上述的方法确实带有一定的歧视眼光，但确实是甄别是富人还是穷人的好方法。类似地，国家筛选申请国家资助大学生时，应当附加条件是需要回到农村山区等条件艰苦的地方支教若干年等。这样经济条件好的学生就不想去申请这样的资助名额，从而使真正需要资助的学生获得帮助。

案例十三　所罗门王审判

《圣经》里有一个故事：两个女人都刚生了一个小宝贝，但其中一个孩子不久便死了。失去孩子的妈妈很痛苦，也十分妒忌那没有失去孩子的妈妈，就想将她的孩子据为己有。两人争夺起来，都声称那个小婴儿是自己的孩子。于是来见智慧的所罗门王，求他断案。智慧的所罗门王想了想便说，不如将那个孩子劈成两半，两个妇人一人一半，很公平哦。其中一个妇人当时就同意了，而另外一个却放弃争夺，求所罗门王饶过小孩子一命。所罗门王立刻把孩子判给了放弃争夺的妇人，说婴儿是她的。

从上面例子可以看出，所罗门王通过这样一个做法，判断出真正疼爱孩子的人，这个人肯定就是孩子的亲生母亲。这就是一种机制，来识别真正的母亲。

7.4.3　总　结

信号博弈是日常生活博弈当中最为常见的类型之一，由释放信号和接收理解信号两个部分组成。有时，有些博弈方想达成自己的一定目的，就要告诉其他博弈者自己的一些信息，因而他们会主动释放信息。例如，两个武功高手相遇，若真打架，结果是两败俱伤，甚至两败俱亡。但一定要分个高下，怎么办呢？其中一个一挥手，一掌就把旁边一棵大树放倒，另一个就能判断出自己有没有那个能力。若有的话，就与对方过一下招；否则就尊对方为大，凡事让着。各国的军事演习、阅兵式以及美国在香港让市民参观航母的道理都是一样的。也有一些博弈者希望得到对方的信息，所以就会故意设计一些机制来诱导对方释放信息，再通过这些信息判断分析，从而继续制定下一步的博弈策略。但不管怎样，信号博弈中的双方都是在利用信息来达到自己的利益诉求。

在这个信息爆炸的时代，我们接收到的和要释放的信息都是巨大的，我们到底如何

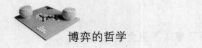

处理庞大的信息，如何从他人所释放的信息那里得到我们想要的信息，理解他人的本意，这些都变得愈发困难。同样，我们发出的信息作为对方要接收理解的信息，也很难让他人真正了解我们的本意。所以，在社会不断发展，人们的交流越来越频繁的情况下，我们很有必要好好学习一下信号博弈中的智慧，因为我们需要这其中的智慧来帮助我们处理好这庞杂的信息，在这大数据时代的博弈中占得先机。

下面一章，我们将看看我们应该如何设计机制以及什么样的机制设计才是好的。

第 8 章

机制设计

　　政府部门制定相应政策，让民众遵行，以达到政府的特定目的，这便是所谓的"机制设计"或"游戏规则设计"。一般来说，所谓的机制设计讨论的就是怎样设计出一个博弈，让它满足特定的性质。本章就来讨论这个问题。

8.1　基本概念

8.1.1　导案——上船付钱还是下船付钱

　　殖民时期的英国，政府经常向澳洲运送犯人，因为人数庞大，因而政府雇请了私人船主来完成这一运输任务。但是后来英国政府发现这些私人运囚船上的犯人死亡率极高，这无论是从英国的利益方面，抑或是人道角度来讲都是不可接受的，那么有什么好的方法能够抑制这种现象的发生呢？

　　原来，英国政府对于这些私人船主的付费方式是根据上船犯人人数的多少来计算的，并在上船后，船主就拿到了报酬。所以私人船主为了个人利益最大化，就尽量多的运输犯人，使得船只严重超载，船上生活环境和食物的问题十分严重，从而导致了大量囚犯死亡。但是政府并没有通过对船主采用说教等感化手段，也没有采取惩罚等手段，而是采用了一个简单易行的制度更改就使得这些犯人的死亡率大大降低甚至没有。这个方法就是对于私人船主的付费多少，由运达目的地犯人人数来计算。这样一来，私人船主为了实现利益最大化，就必须在运输过程中保证犯人存活人数的最大化，这样，就使得犯人存活率大大上升，改善了这一不良现象。

　　从上面的例子中我们可以看出，机制设计对于激励的重要作用。在现实生活当中，不管是家庭、企业还是国家，好的机制设计对于其整体的良好运行起着重要的作用。一方面，克服由于信息不完全带来的漏洞；另一方面使得集体所得到的利益实现最大化从而良好的运行。所以，我们将着重探讨如何评价一个机制的好坏，以及设计机制的目的。

8.1.2　基本思想——管你怎样想怎样选但游戏规则我说了算

　　从上面这个案例当中，我们清楚地看到，英国政府采用了一种调整制度的方法，从而达到了其预期的目的。所以，机制设计理论研究的是在可自由选择、信息不完全及决策分散化的条件下，能否设计一套规则或制度来达到既定目标的理论。也就是说，作为一个机制设计者不能做的有两个方面：①决定不了博弈者的策略，即不可能对参与博弈的任何一方下达强制性的命令；②决定不了博弈者的偏好，即没法对参与博弈的人进行"洗脑"。而作为机制设计者能够做的，就只包括一个方面：设计游戏规则。

这里还有另外一个有关政策制定的例子。在英国暴发严重的口蹄疫期间，英国政府为了遏制疫情的进一步扩大，决定对每一头被屠杀的牲口按照疫情暴发前的市场价给予农民补偿。结果却令人意想不到，很多农民不仅不配合政府阻止口蹄疫蔓延，反而故意给一些没有得病的牲口染上病毒。这是为什么呢？原来，口蹄疫暴发后，牲口价格一跌再跌，疫情暴发以前的市场价格远远高于疫情期间的价格，因而农民为了获利，就让牲口染病进而被宰杀，得到政府的经济补偿。所以，如果英国政府当初按照当时的价格予以补偿，就不会有这种加剧疫情蔓延的现象发生了。

我们知道在交通标志中有一个"潮汐车道"的标志。这个标志的诞生背景是，同一路段，因为早晚的出行高峰，会造成早高峰时一个方向车流拥堵而另一边少车畅通，到了晚高峰刚好又反过来。起初交通部门通过广播和宣传的方式告诉广大司机要尽量避免高峰期出行，如果出行，也要尽量避开车流量大的车道，最好绕行。但是，这样的方式效果并不好。

鉴于以上情况，交通部门开始采用潮汐车道，就是在早高峰时借车少一边的车道给车流量大的一侧，晚高峰是刚好反过来。这样，就成功缓解了高峰期的交通压力。

8.1.3 目标——不是公平而是整体利益最大化

我们希望我们的设计机制是公平的，即对参与博弈的任何一方都是公平，而且往往在现实生活当中，我们还希望通过对于机制的优化设计，能够更接近人们所希望的社会形态。但真的都能做到吗？

首先我们来用一个小问题让大家思考一下什么是公平。请从以下两种境况中选择其中一种：①向每个人收取100元，并且做一件让所有人都讨厌的事情；②不向任何人收取费用，但是要做一件让部分人讨厌的事情。也许很多人都会认为，第一种比较公平，因为所有人都付出了同等多的代价，对于处在这个机制当中的每一个人花费的利益和最后的损失都是一样的。但是其实第二种更公平，究其原因其实是考虑到第二种相较于第一种的总体的损失最小，就是说总体的利益得到了最大的保护。

我们可以考虑一下，在一个国家中，如果要求第一种的绝对公平，那么每个人获得利益以及可能得到的损失都相同。从亚当·斯密的《国富论》中我们可看到，社会中的每个人的分工是不同的，也正是由于分工的不同才有高效的生产效率。由于分工的不同，我们每个人最后所得到的酬劳应该有所不同，才能够最大化的激励每个人的劳动积极性，使整个社会的财富得以增长。如果我们要求绝对公平，那么其实相对来说不一定是好的。

我们来考察一下第二种，在一个集体中，尤其是国家中，如果要达到整体利益的最大化就很有可能要牺牲少部分人的利益。就如同上述例子中，我们不需要花费一分钱只需要少部分人讨厌。而如果我们选择所有人都要讨厌就需要社会中的每个人付出同等的损失。对于国家里机制的设计者（政府或者立法机构）就需要选择第二种方法，以寻求国家（集体）利益的最大化，而不可能选择一种令社会中每个人利益受损的方案。

所以我们可以看出，机制设计的目标是实现整体利益的最大化而非绝对公平。如果上升到对公平的探讨，就需要读者们更深层次地研究相关的哲学问题来思考自己的立场。

8.2　激励理论

在机制设计当中，最为重要也是当下用途最广的一个理论就是激励理论，它在各个领域当中都有着广泛的应用，尤其是在经济领域中扮演着极其重要的角色。因此我们在这一节单独来谈一谈激励理论问题。

8.2.1　委托代理关系

激励理论可以用委托代理关系模型来分析。顾名思义，这种关系当中有委托人和代理人两个主体构成。这种关系的产生的原因简单来说就是，代理人具有委托人不具有的专业知识或独特信息，或者委托人有所需知识和信息却没有时间、精力去处理这些事务而交给代理人来做。这种关系在现代社会当中大量存在，在政治上，国家政府委托政治家运转其政治体制，在军队中的森严的权利指派将战略意图落实到每个参加任务的士兵身上也是委托代理关系的体现。

现代公司制度中最为核心的特征就是企业所有者和管理者的分离，最典型的就是董事会和总经理的关系，这也就是我们常听到的一个词"职业经理人"的来源了。

当然，机制设计存在于这种关系当中就说明相互博弈存在于委托人和代理人之间，那么这种博弈发生的原因是什么呢？最主要的原因有二：一是目标冲突。这是因为委托人和代理人之间的利益并非完全重合的，他们都有着各自的利益诉求，期间当然就包含了发生冲突的可能性。而且代理人并非是只听令于委托人的机器，所以这就使得冲突的爆发成为可能。二是不对称信息。这是说代理人往往具有委托人所不具备的信息，这是和委托代理关系产生的原因直接挂钩的，所以易于理解。

因此，我们从矛盾产生原因中可以清楚看到，在委托代理关系中由不对称的信息和双方利益诉求不同共同带来的问题就是：如何在委托人信息不足或者是没有掌握一些信息的情况下保证代理人依然能够按照委托人的利益目标来行动。这也就是为什么机制设计理论是不完全信息博弈中的一个重要领域。

为了解决这个问题，我们的大思路就是从机制设计的方式入手，具体的方法就要根据激励理论来制定。就是采用激励机制来保证代理人不会因为他单方面拥有私有信息而

采取与委托人利益背道而驰的行动。

激励的方法有很多种，包括绩效评估、员工股份制方案、浮动工资方案等，都是为了调动代理人一方的积极性，让其在为委托人负责一定范围内事务的同时也让其自己能够获利，并且这种利益至少要超过其利用私人信息背叛委托人时的获利。接下来我们就讲几个例子来说明一下激励机制是如何在现实中被利用的。

8.2.2　薪酬激励——不让吃大锅饭

公司当中必须要进行合理的薪酬分配，要能够激发员工工作的积极性，"大锅饭"的方式早就被证明过其在提高效率方面的缺点，而结合合理科学的绩效评估来进行的薪酬激励机制则更为有效。

在我们的研究组，本书第一作者也设计出一套机制来激励同学们多出成果，出好成果。办法就是劳务费不是白发的，写出一篇会议论文就发 1000 元，录用后再发 2000 元。会议论文扩展成期刊论文并被录用后发 3000 元。若不这样做，每月每人都发 1000 元的话，并不能激励同学们多出成果。一方面有些人懒，另一方面有些人即便你给他更多钱他都会在质量上打点折什么的，省点时间到别处去打临工，赚点外快，或者玩玩电子游戏等。这就是所谓的自私自利且目光短浅的理性。本书第一作者曾尝试教育同学们，努力学习多出成果才会又更好的前途。但同学们中总有些人认为未来是不确定，努力学习未必能有好结果；就算成就了好论文，未必能找到好工作；现在打工多赚一分钱，都是对家里父母的孝敬。所以，思想教育是难以起作用的，而且所设定的劳务费发放方案不与他们的学习成就联系起来，也无法让他们专心学习多出成果，对那些不用扬鞭自奋蹄的努力学习成果多的同学也是不公平的。

8.2.3　精神激励——"剑人"肯定赢

公司当中的销售人员因为常年在外奔波，压力很大。比如在企业的销售人员中开展销售状元的评比活动等来给予成功者荣誉和奖励，可以进一步激发员工的持续的工作热情。

本书第一作者的孩子在英国上小学时，他发现孩子经常拿回各种各样获奖证书，许多奖看上去也不是很伟大。而且后来发现老师是在找各种理由在给孩子们发奖，还有轮流的意思在里面。这当然是最大限度激发每个孩子的学习热情，让每个孩子都充满正能量，值得中国小学和中学教师效法。

中国那套在小学和中学的教育方式是让学习充满负能量，孩子们很少享受学习的快乐。所以有北京大学的名教授讲，在中国受完初等和中等教育，孩子基本上就被毁了，难以对做学问本身有很大的兴趣，不过是把做学问当作谋求生活的手段，层次太低了。武侠小说里讲，华山比剑前，两位大侠互问，你练剑是为了什么？一人答道，求天下第一；另一人答道，啥都不求，我就是剑，剑就是我。这样不用真比，高下立见，因为那追求练剑快乐的"剑人"肯定会赢了。有一天中国许多人是为读书有趣而读书和做学问有趣而做学问，就易产生诺贝尔奖获得者。当然不能保证每位因兴趣而做学问就能获奖，但这样的人多了，一不小心就会产生一位诺贝尔获得者。用牛顿在海滩上拣到一个五彩斑斓的贝壳例子来比喻，必须有许多孩子有兴趣去海滩上玩，其中必有运气好的拣得到一个五彩斑斓的贝壳。本书第一作者的儿子在英国上的那所中学就有两位毕业生获诺贝尔奖，一位获菲尔兹奖（数学方面的诺贝尔奖）。

8.2.4　民主激励——个个都是主人翁

在公司内部可以实行民主化的管理，就是让公司的一些基层员工也能够参与进公司的营销目标、策略、竞争方案、政策制定等公司高级角色层面的事务。也可以让公司的高官深入基层来听取意见和建议，这些都增强了员工的主人翁意识，可以有效地激励员工对公司多作贡献。我们国家实际也可看成是一个大公司，所以我们经常看到党和国家领导人下基层，这的确能很好地激励大家为国家多作贡献。

8.3　拍卖的基本类型

网络在我们生活中真的是无处不在，在拍卖的世界中，网络依然动力十足。eBay是一个线上拍卖网站，人们可以通过 eBay 在网上拍卖商品。现在物流这么发达，送货服务成为大势所趋。随着网上拍卖、送货服务等各种服务的完善，随着在线拍卖服务，比如 eBay 的出现，拍卖交易已经不仅仅限于动辄大量金额的政府行为，同时将会家喻户晓，进入平常百姓的日常生活中。拍卖是一项规则明晰、规范化的市场机制，通过拍卖可以提高交易速度，还可以防止销售代理人与购买者之间的不诚实交易等等。另外，通过拍卖，可以降低信息不完全的交易成本。对于一些艺术品，卖家不会很清楚知道买家认为他的产品值多少钱，因为真正对艺术品有一定了解的人是比较少的。这时卖家陷入了一个这样的困境：出价很高的话，没有人会来买，要冒着产品卖不出去的风险；出价太低，贬低了产品的价值不说，自己还要承担一定的损失。但是通过拍卖，可以把卖家拉出那样的困境，卖方并不需要自己来决定最后的交易价格，产品的拍卖价格会随着买家们的需求自动调整。

我们要知道拍卖机制设计方是卖方，各种不同的拍卖类型之间存在着一定的差异，机制设计不同，导致的结果也会有所不同。我们先来介绍一下一些基本的拍卖机制。

8.3.1　英式拍卖

英式拍卖又称升价拍卖，是很常见的拍卖类型。它是一种升价的公开喊价拍卖，卖方给出一个最低价，买主们不断地提高竞拍价格，直到没有人愿意出更高价钱为止。此种情形中，一般是拍卖人站在买主面前，下面买主一出价，拍卖人大声喊出不断增长的价格，直到没有人再次出价。每个买家心中有一个对拍卖物的估价，买家最高出价不会超过那个估价，但是不同的买家对拍卖物会有不同的估价，因为每个人的需求是不一样的，于是对拍卖物的估价也会不同。

值得一说的是，"估价"在我们眼中指的是什么？它又是由什么因素决定？简单一点理解是，我们认为估价是能够让你转身离开的价格，一个转折价格，是你想赢得该项拍卖物的最高价格。超过那个价格，你会宁可放弃拍卖物，不会继续出价。实际上，一件拍卖物对于买家来说，一般包含一些私人成分的元素，也包含一些公共成分的元素。你会去竞拍拍卖物，那说明那拍卖物对你有一定的价值，其中这价值里有私人价值和公共价值。比如，中国参与海外油田拍卖。那海外油田里的油的数量都是一样的，不管是哪个国家拍下了油田，这是公共价值。但是每个国家的开采技术不一样，开采出的油的数量可能是不一样的，这存在私人的信息，包含着一些私人价值。在英式拍卖中，竞拍者对拍卖物价值的评估是自己的私人信息，其他竞拍者是不知道的，除非你自己说出来（有时即使你讲出来别人也未必信）。现实生活中，对拍卖物的估价都是私人信息，拍卖机制存在于市场机制之下，通过需求和供给机制形成市场价格的。还有一点值得注意的是，英式拍卖中，即使有人在拍卖过程中一直想出价，他也可以保持沉默，直到竞拍最后出乎意料地出价，参与到竞拍中来。这样做的好处是不会让竞争过于激烈而将价格进一步提高。

8.3.2　日式拍卖

日式拍卖是英式拍卖的一个变体，增加了拍卖的透明度。日式拍卖中，所有竞拍者开始的时候都举着手或者摁着按钮。不需要竞拍者自己报出价格，出价是通过一个仪表自动上升的。这个表从卖家的最低价开始，比如从 30 开始，然后是 31，32，……并继续上升。只要你的手是举着的或者是摁着按钮的，那说明你一直在竞拍。当出价的价格升到你的估价时，你可以通过放下你的手或松开按钮来告诉大家你退出了该竞拍。当只剩下一个竞拍者时，拍卖结束，最后剩下的那竞拍者赢得竞拍，获得拍卖物。

值得注意的是，在日式拍卖中，一旦你放下了你的手或者松开了按钮，你是无法继续再举起来的或是再摁着按钮。这跟英式拍卖是有区别的。在英式拍卖中，你可以随时退出，也可以随时再次加入竞拍，只要拍卖还没完成。日式拍卖中，信息是比较公开的，你可以确切地了解到有多少个竞拍者，他们是在什么价格上退出的。所以，日式拍卖可以说是相当于每一个竞拍者都必须举着手来竞拍的英式拍卖。

8.3.3 荷式拍卖

荷式拍卖又称降价拍卖，拍卖形式与英式拍卖相反。拍卖方首先会报出一个自己心中较高的要价，接着在此价格的基础上不停地降价，直到有竞拍者让他停止降价，第一个要求停止降价的拍卖者将以他当时的叫停价格获得拍卖物。竞拍者需要思考的是何时让拍卖者停止降价。这个出价是不能超过竞拍者对拍卖物的估价的，竞拍者也需对其他竞拍者的估价做一个估计。在你等待合适价位的任何时候，其他竞拍者都可以叫停降价而获得竞拍物。你等待的时间越长，获得拍卖物的风险越高。当然，你是不会让出价高于你的估价。在拍卖过程中，竞拍者得不到任何有用的信息，只有在竞拍之后得到一些相关的信息，这是一局定结果，谁第一个要求停止降价，他就获得了该拍卖物，拍卖结束。

著名的奥塔利奥烟草拍卖、波士顿的菲力纳公司地下商场的拍卖都属于荷式拍卖，大学毕业生的毕业大甩卖也可以是荷式拍卖。当你毕业时，有一件东西想卖出去的时候，你可以先出一个比较高的价格，让那些想买的师弟师妹来竞拍，这样你卖出去的机会就大多了，还能卖到一个较满意的价格。你现在也可以拿出一些你已经不需要的东西来具体地实践一下，看一下拍卖的效果，检验一下这荷式拍卖。

8.3.4 密封第一价格拍卖

在这种形式的拍卖中，有买家同时密封提交自己对拍卖物的出价，出价最高者，获得该物品，并且支付与自己出价相同的金钱。所有竞拍者在拍卖结束前无法得知别人的出价，只能知道自己的出价。在这种拍卖机制下，如果人们都是理性的，那么人们都倾向于出自己的心里估价。这样如果自己是最高的，那么得到拍卖品对自己来说就不"亏"。这拍卖同样是一局出结果，你只有一次机会提交你的出价，该拍卖的诀窍部分在于决定出价是多少。每个拍卖者对拍卖物有一个估价，你也许会说，这还不简单，直接给出那个估价的出价就行。事实上，你给出你的估价，最好的结果也就是在这拍卖中你没有吃亏而已，你是不会额外获利的。

所以我们应该采取的策略是适当地隐藏一定金额，出一个低于自己估价的某一个出价，这样才有获利的机会。当然，你的出价该低于估价多少呢？这又是一个问题。我们虽然无法知道其他竞拍者的出价，但我们知道自己来参加这拍卖是想赢得拍卖，当自己赢得拍卖时，我们心中是有一个最小获利的预期值的。我们可以用自己的估价减去最小获利值来出价。这时如果有人高过你的出价，那么你也不会有什么损失，因为获利很少的话，你也无需冒着风险一定要去赢得拍卖。如果你赢得了拍卖，那么你的目的也达到了，不要想着一下获得多大的利益，这种方法得来的出价，是能够让你在获得可以接受

的利益的同时，赢得拍卖的机会最大。值得建议的是，在拍卖中，你出价时应该要总是假设自己会赢得拍卖。如果你的出价让你赢得了拍卖，但你却不是真正的赢家，没有实质上的获利，达到自己的目标，那么这个出价不是最佳的，甚至都不是满意的，只是让你赢得了拍卖而已。我们需要的，不是赢得拍卖的结果，而是作为拍卖中的真正利益上的赢家。我们应该避免让自己在赢得拍卖之后又后悔自己出价过高的情况发生，要避免出现赢家的诅咒这样的现象。所以出价前要想想自己以这样的出价赢得拍卖会不会不值，会不会后悔。

8.3.5　密封第二价格拍卖

在这种形式的拍卖中，是指所有买主向拍卖者提交密封的出价，出价最高者赢得获得拍卖物，但付费是按竞拍者中的次高出价，也就是第二高的出价。这是获得了诺贝尔奖的维克多设计出来的一种拍卖机制，维克多称之为次价拍卖，后来大家为了表示对他的尊敬，将这拍卖称为维克多拍卖。密封第一次价格拍卖中，理性的竞拍者出价应该倾向于出比自己估价稍低的一个价格，最多也就是倾向于自己的心里估价，至少是不会超过那估价的。但是作为卖方来讲，为了卖得更高价钱，得到更多收益，他们并不希望这种情况发生，所以拍卖方转而设计了这密封第二种价格拍卖机制。

我们应该清楚，拍卖机制是卖方制定的，是要为卖方服务的。在这密封第二价格拍卖机制里，各位买家会产生侥幸心理，为了赢的拍卖，可以出价出得比自己的心理预期要高，这样也有可能以自己的预期价格得到拍卖品。因为这里的出价只是让你赢得拍卖，你付出的代价是出价中的次高价格。所以，人们为了得到拍卖物，就会抬高出价，这就使得卖家达到了目的。甚至有人会为了得到商品，在侥幸心理的催动下出"天价"。如果一旦有两个及以上多的人这么做了，那么拍卖品价格就会被疯狂抬升，这是卖家所希望看到的。相比密封第一价格拍卖机制，这机制是特别有利于卖家的，因为至少竞拍者们的出价会稍微高于他们的估价，因为出一个高点的价格成交的机会就大了很多。

8.4　拍卖机制的应用分析

8.4.1　让他们竞选他们想干的活

拍卖机制的改变对于博弈结果的影响是显而易见的。拍卖不仅仅是让你卖出商品，也可把一项工程承包出去。拍卖和招标在英文里面是同一个单词（auction），中文里习惯把出售物品叫做拍卖，把一项工程承包出去或为了获得一项服务的交易活动称为招标，也就是我们所说的花钱买服务。在博弈论中，拍卖和招标是同类型的机制，可以说招标的形式是密封第一价格拍卖的变体。因为一般性的招标活动是密封提交价格，但赢得竞标的竞拍者不是出的第一高价格，而是出的第一低价格，赢的竞拍者已自己的出价价格中标。

同样拍卖机制还可以解决企业管理层的困扰，用来奖励和激励员工。举个例子，当你作为销售主管，正在困扰着怎样来分配每个业务员的销售任务，怎样来分配销售业务员的销售区域。人都是有这样的心理：别人要求的，别人指定的任务，会让人很不舒服，做起来没有动力。对于打工的你对公司的工作热情是远远比不上当老板的你对公司的付出热情。这时，拍卖机制可以让你的销售业务员从打工仔转为老板，这样你也无需担心他们完不成工作，没有工作激情了，分配任务的难题直接交给他们自己去处理就行。怎样来实施这拍卖呢？拍卖的又是什么呢？说一个具体的情况吧，假如有新的销售区域要开发，当你很难觉得派谁去负责这区域时，你可以通过拍卖来解决这一问题。你可以把所有业务员召集起来，拍卖这一销售区域，谁愿意出最高价的人负责这一区域。这时你会发现，拍卖不仅仅是可以挣钱，还可以很公平地将该销售区域交给有能力又自信的销售业务员，其他业务员也会毫无怨言。当然这是大家争着想去时的情形，当碰到大家当不想去时，拍卖是否还有作用呢？答案是肯定的，我们同样可以通过拍卖机制来解决。你可以这样告诉大家，如果你愿意去的话，可以提出要多少补贴，这样将出差补贴作为拍卖标的，每个候选人提出自己去出差要求的出差补贴，选择出差补贴需求最低的那位去。由上可见，前者可以是英式拍卖或者密封第一价格拍卖类型，后者属于招标类型的拍卖。

其实在大学里，若一个导师有多名博士生，也可以来用招标的方式，让他们选择他们喜欢的研究题目。这样每个人都得到自己喜欢的题目，做起来有动力，老师也省得花时间和精力做"洗脑"的事。

8.4.2 拍卖中的攻防问题

eBay 的拍卖基本上都属于密封第二价格拍卖，中标者是出价最高的那个人，而价格是次高的出价金额。现在这种拍卖类型是比较流行的，至少越来越让人们认可。但博弈论对拍卖设计的主要贡献不是在于多么高深的定理和法则，只是能够切中拍卖设计者和竞拍人的一些要害，让他们能够全身心地投入，好好应对竞争的简单理念。拍卖机制要设计的恰当才能发挥其作用，没有一个拍卖类型是适合所有拍卖活动的。当一次拍卖机制设计或选择得不合理时，竞拍人就会带给你无限的"惊喜"，以拍卖方无法预计到的方法去钻规则的空子。所以拍卖规则的设计是需要很严谨的，同时还需要防止假投标，随意抬高价格等内部勾结，等等。你不能为了赢得拍卖，而陷入赢家的诅咒之中，我们需要有成本的概念。因为你赢得拍卖是要付出成本的，只有当你的成本低于拍卖物

博弈的哲学

的价值时，我们才能够出价去赢得拍卖。值得提醒的是，成本不只是包括你的出价所付出的这金钱，还有你的时间和精力等这些都需要作为成本适当地考虑进去。如何设计出完美的拍卖机制和如何避免拍卖中的一些漏洞永远会让拍卖理论家们闲不下来。

虽然密封第二价格拍卖最后付出的价格决定于次高出价，也就是说你赢了拍卖的话，获得拍卖物的代价是决定在别人手上的，只是那价格不会超过你的出价。由于这种拍卖类型有这样的特点，加上这种拍卖类型总体是有助于提高价格的，所以很多不诚实的卖方可以通过假投标或者和有些竞拍者勾结来提高第二价格。比如，在 eBay 在线拍卖，买方并不知道所有竞拍者的竞拍金额。如果有 3 个人出了价：阿东这人出价 100元，阿锋这人出了 90 元，阿花这人出了 50 元。在 eBay 上只会显示出阿东是最高价的竞拍者，并指出目前拍卖物的卖价是 90 元，无法知道其他竞拍者的出价是多少，新增的竞拍者只知道要想有机会赢得拍卖物，必须出超过 90 元的价格。卖方这时想提高第二价格的话，可以另穿一个马甲出价 90 元以上。不过卖方能否达到他的目标，关键还在于他的出价是否介于 90 元到 100 元之间，因为超过 100 元的话，自己中标了，没有达到想要的目标。当然，卖方中标时可以取消出价或者重新拍卖，只是这种方法一次两次也许可以，长久下去肯定不是办法。一方面你自己中标再次拍卖的话，卖方是要付拍卖费给 eBay 的，不是免费让你任意拍卖的，另一方面也是重要的一面，这种假竞拍，抬高价格是会构成诈欺的，到时有可能害人害己。不过我们从中知道，eBay 应该要关注那些经常出价的竞拍者，也许他就是假竞拍的卖方。同样作为竞拍者，如果你参与的拍卖经常被取消了，那么你应该留意，这是不正常的拍卖，很有可能是卖方在背后提高价格。当然，正所谓：上有政策，下有对策。面对着这样的拍卖情况，你可以选在拍卖快结束的时候来出价，这样的话，卖方就没有那个时间来试探你，来提高价格了。

信息在拍卖机制中是很重要的，前面说的大部分是你自己知道那拍卖物对你有多少价值。现实生活中，我们很多时候不是特别清楚，甚至有时候很不清楚拍卖物的价值是多少，因为作为竞拍者的你有时候是无法知道拍卖物的质量的。还有一种可能是，尽管你知道拍卖物的价值，但有可能不是很清楚要发挥拍卖物那价值的成本的是多少，最后还是无法确切知道获得拍卖物后的净价值是多少。我们在拍卖中竞拍时，我们不能只看到拍卖物的价值是多少，还得关注要发挥拍卖物的价值所花的成本是多少，赢得标准不是你赢了拍卖物，而是你赢得拍卖物后有利益可获。赢家的诅咒是给竞拍者的一个很好的警告，我们应该谨记，我们脑袋中要有成本这个概念。毕竟要想有所收获需要先付出一定的代价。赢家的诅咒主要是因为信息不完全造成的，如果不能很好解决这问题，是会造成拍卖双方的损失。买方们因为不知道拍卖物的价值时，他们会担心自己亏损太大，出价太高的风险太大，这样会促使买家们压低价格，卖方的收入就会低。对于买方来说，过高估计拍卖物的价值，会让自己真正陷入了赢家了的诅咒之中；过低估计拍卖物的价值，会让自己无法竞拍成功，到头来竹篮打水一场空。要想打破这赢家的诅咒，

138

卖方可以做的是尽可能地提供一些产品的相关信息，让买方们了解拍卖物的价值，让他们有动力去全力竞拍。买方可以做的是自己多了解一些产品的相关信息，从多个方面多个渠道来评估拍卖物的价值，要想一想拍卖物对自己究竟有多少价值，不要盲目跟风。

8.4.3　停不下的脚步

尽管有些拍卖理论存在一些缺陷，但拍卖机制的设计并没有停住脚步，博弈理论家们在继续推动者拍卖理论的前进。美国的电磁波频段拍卖带来了新的研究课题：打包竞价。打包竞价给我们的带来的惊喜是：拍卖物不局限于单一的物品，可以是多个物品组合成拍卖物。我们知道，日常生活中，有很多东西要么是替代品，要么是一些互补品。当多个物品放在一起打包拍卖时，出价会比单一的时候有所不一样。现在优惠政策很多，优惠活动很多，他们能够优惠之后还能大赚一笔的原因，就在于多个物品打包一起出售增加了销售量，消费者也会觉得自己一起打包买捡了个大便宜。这样的道理同样可以运用到拍卖之中。当多个物品同时打包一起拍卖，这时赢得拍卖的关键在于你对这些物品的整体估价，而不是其中某一个物品的估价。当然，采用打包的方式来进行拍卖是比较复杂的，不像我们单一物品拍卖那么简单。也许打包物品里有你非常想要的东西，同时也有一些你非常不想要的东西，要面对的问题是比较多的。不过这对于拍卖理论家们是一笔财富，这些问题可以让他们更加有动力去完善拍卖机制设计，然后将其应用到各个领域，这是社会的进步，也是拍卖向前发展的方向。

8.5　总结

机制设计是博弈论当中非常重要的一环，虽然相较于其他博弈论理论，它更关心的并非是博弈者本身，而是设计博弈规则，进而引导博弈结果走向的机制设计者所希望的方向。也就是说，它更看中从总体分析和权衡所有参与博弈的人的多种利益和考量，进而利用各方不同的利益诉求，将博弈结果导向自己所希望的方向。

正如我们在以上诸多例子中看到的，在现实生活中，人们往往自私功利得十分过分，就像农民为了多拿钱而故意让牲口染病、私人船主为了多赚钱而不管囚犯生死，等等。而思想教化和道德宣传都不能很好地抑制这些情况的发生，往往还耗费了大量管理成本，事倍功半。

所以，设计合理的制度往往才是能够最有效的管理方法，不用刻意对博弈各方强调什么，只需让他们按照制度去办就好了。这样博弈者自然会为自己的利益考虑，在合理的机制下，各方利益最大化的诉求自然就会导向设计者希望的博弈结果。所以，机制设计也是一种"宽容"的方式，并不强求所有人拥有高尚的道德品质，也不需要机制设

计者，对别人进行"洗脑"；这些人也可以在特定机制框架下，尽情地让个人追求其利益。一个有点"负能量"却很能说明这个道理的例子是：怎样让猫吃辣椒？有人说掰开嘴硬灌下去，有人说把辣椒抹在鱼上，猫吃的时候自然就吃了辣椒。还有人说最有效的方法是把辣椒抹在猫的屁股上，辣得难受时，猫就会努力去舔干净的。不用强制，不用哄，用机制就让猫十分高兴地干了它不喜欢干的事。

现代社会的企业过于强调"执行力"，但是执行力只是一种强制的力量，可持续性并不好，而且往往伴随着高的管理成本。只有制度，才是"铁血法则"，是真正能够激发人们各自潜能的催化剂。

所以，机制设计是当今社会十分重要的一门学问。

第9章

投票博弈——没法得完美

本章讲的主要是投票博弈，其中最重要的内容就是阿罗悖论。阿罗悖论也称阿罗不可能性定理，该定理的提出者肯尼斯·约瑟夫·阿罗（Kenneth J. Arrow），1921 年出生于美国纽约市，大学期间热衷于数理逻辑。阿罗读大学的时候，逻辑学家塔斯基曾到阿罗所在大学讲了一年的关系演算，阿罗就是在那时接触到诸如偏好次序、传递性等概念。在此之前，阿罗的逻辑学知识都靠自学的。他认为经济学的发展和研究要靠扎实的数学基础，于是他在大学主修课程为数学，获得社会科学和数学双学士学位。1941 年 6 月，阿罗从哥伦比亚大学毕业，获得数学硕士学位。在"二战"期间，阿罗虽然在美国陆军航空兵司令部服役，依然坚持学习数学。1949 年阿罗在哥伦比亚大学获得数学博士学位，博士论文的主要内容就是阿罗不可能性定理。阿罗获得博士学位后长期任职于斯坦福大学和哈佛大学经济系。阿罗并于 1972 年因在一般均衡理论和福利经济学方面的突出贡献与牛津大学约翰·希克斯共同荣获诺贝尔经济学奖。

9.1　民主不一定靠谱

民主是一个能够让人十分痴迷的词汇——我们中许多人都渴望自己能够参与到公共事务的决策中，也希望自己的偏好可以体现在最终的结果中。而参与公共决策最基本的方式便是投票。

在一般情况下，人们会认为民主的投票应该本着"少数服从多数"的原则。那么，我们来看看下面这个例子是否真的很合理：一个年级要组织春游，春游有植物园、动物园和登山三个备选方案。学生干部在统计了所有同学的意愿后得到，有 34% 的人最想去植物园，有 33% 的人最想去动物园，剩余的 33% 最想去的是登山。

根据"少数服从多数"的原则，当然应该大家一起去植物园。但却有 66% 的同学没有选择去植物园，也就是说，大部分同学都不大想去的植物园却成为了大家投票的选择，这合理吗？显然是不合理的。有一次我们在中大听许宁生校长讲话。他说他是教授时是骂领导的，当他成为领导后，他就知道他从骂人的角色转成了被骂的角色。为什么会这样呢？其实哪个领导不想当好领导，就如哪个父母不想成为好父母一样。有同学想去植物园，有同学想去动物园，还有的同学想去登山，甚至更多别的地方。领导决定怎样办？众口难调，只能用"少数服从多数"原则。结果所谓多数喜欢却常常是其他少数没有选的，更不幸的是这些其他少数全部加起来常常比那"多数"多得多。结果当领导的自然会被许多人骂。所以，当领导的一定要心胸宽广，否则就会觉得"没有功劳，还有苦劳；没有苦劳，还有疲劳"而生气。

让我们再来看一下西方国家的总统选举有没有问题。有两个总统候选者，候选者 L 认为，社会应当实行高福利政策，对找不到工作的也要保证他们有得吃有得住，还得有

车开。为此，应对有工作的人应征收高收入税，以实现社会财富的公平合理分配，很给力。另一个候选者 R 主张取消所有的高福利政策，不给社会福利的寄生虫任何搭便车的机会，也少收税以鼓励有能力的人享受更多的财富。在所有的选民中，55% 的人更倾向于候选者 L，另外 45% 的人更倾向于候选者 R。这样的话，候选者 L 似乎是能够取得这次选举的胜利的。

但是如果这时候突然出现了第三个候选者 N，局面可能就会发生变化了。候选者 N 提出应该施行适度的福利政策，因为高福利会使人们产生惰性，不利于社会发展；同时贫富悬殊又可能会导致更激烈的社会矛盾。他的主张吸引了一部分原本更喜爱 L 的选民，但对选择 R 的人影响较小。最终民意测验为：愿意投票给候选者 L、候选者 N 和候选者 R 的选民分别为 30%、30% 和 40%。候选人 N 的出现使得情况逆转了，原本和 L 竞争没有优势的 R 最终赢得了选举的胜利。

很明显，大部分人都更愿意有福利政策的，但是在第二个支持施行福利政策的候选人出现了之后，由于选票被分散了，虽然候选人 R "取消所有福利政策" 的主张不符合大多数人的期望，但他最终还是赢得了选举。这个例子又一次让我们意识到 "少数服从多数" 的投票规则存在着很大的问题。

此外，"少数服从多数" 中的 "多数" 也是个难以定义的概念，多多少就能算多数呢，多一票算不算？例如，许多选举中的 "一票之差" 改变了人类历史的进程：1649 年，"一票之差" 导致大不列颠国王查理一世在绞刑架上丢了性命；1776 年就多了一票使英语而不是德语成为美国国语；再有 1875 年仅一票之多便将法国从君主制变成共和制，1912 年阿道夫·希特勒只有一票的优势却成为德国纳粹党党首，进而导致了第二次世界大战，等等。虽然这些具有极大偶然性的 "关键一票" 实实在在地改变了历史的进程，甚至影响了我们今天的生活，但我们很难确定当时这些 "关键一票" 是否真真正正地代表了大多数人的意愿。

另外，投票率也是一个问题。几年前中山大学逻辑研究所，征求大家设计逻辑研究所的 Logo（如商标一样的东西），对各种设计方案进行投票。本科生每个年级有 30 人左右，四个年级便有 120 人左右。还有研究生和博士生 20 人左右，再加上老师和工作人员大约 20 人。这样一共便有 160 人左右有投票权，结果只有不到 30 人参与投票。那个最多入选的方案也只是 15 人投票。逻辑研究所上上下下 160 - 15 = 145（人）不喜欢的方案都成了逻辑所的正式标志。这样的全民投票选择结果有意义吗？还不如搞个像 "中国达人秀" 那样专家投票更有意义。用全体投票方式很难避免大多人不感兴趣并不去投票，去投票的未必比专家更明白哪位 "达人" 更专业、更好。

既然少数服从多数不是一个理想的投票方法，于是人们想出了多种多样的投票方法，来试图防止各种弊端，希望做到真正的公平公正。常见的投票方式有以下几种：

（1）多数原则。少数服从多数，以获得最多票数的提案作为表决结果。这一投票方式存在的问题在于，获得最多票数的提案，可能并不被大多数人支持。

（2）大多数原则。以获得半数以上（常称为简单多数）票数的提案作为表决结果。

（3）逐轮选举机制。首先选取出票数排名最高的两个提案，再对这两个提案进行第二轮表决，票数过半的提案作为表决结果。

（4）逐轮淘汰机制。逐轮剔除得票最少的提案，支持的票最少提案的投票者转向他们的第二偏好。多轮剔除过后，直到产生票数过半的提案，该提案作为表决结果。

（5）逐对表决机制。提案之间两两对决，每次对决中得票较多的提案获胜。最后获胜次数最多的提案作为表决结果。

（6）Borda 计分法：以降序方式给每个名次赋分，取所有提案累加的总分，总分最高的提案作为表决结果。

9.2　投票悖论和阿罗不可能性定理

"投票悖论"是由 18 世纪法国启蒙运动时期最杰出的思想家、数学家、哲学家、法兰西科学院院士马奎斯·孔多塞[①]提出的。其基本思想是：少数服从多数的规则中存在一些根本缺陷，其中最严重的问题是该规则在实际决策往往会导致循环偏好顺序。

为了理解这一点，我们可以看看下面这个选班长的例子。

一个班级要在牛毕、张冠和李带当中选一个人当班长。全班 60 个同学中，有 20 个感觉牛毕比李带合适，而李带又比张冠合适；有 20 个觉得李带才能当好这个班长，如果非要在剩下的两个人里选，张冠似乎更好一些；其余的 20 个却认为张冠才是班长的不二人选，但是和李带比，牛毕还是能力强一点。依此，我们就能排出这班级的同学的在选班长上这件事上的社会偏好顺序如下：

（1）1/3 的同学的社会偏好顺序为：牛毕＞李带＞张冠。

（2）1/3 的同学的社会偏好顺序为：李带＞张冠＞牛毕。

（3）1/3 的同学的社会偏好顺序为：张冠＞牛毕＞李带。

根据上面的偏好顺序，我们统计后可知：

---

①马奎斯·孔多塞参加过 1789 年爆发的法国大革命，是法兰西第一共和国的重要奠基人，并起草了吉伦特宪法，同时他主张女性应该拥有与男子相同的财产权、投票权、工作权以及接受公共教育权。1793 年 7 月，当时执政者雅各宾派以"反对统一和不可分割的共和国的密谋者"的罪名追捕孔多塞。孔多塞逃亡了 9 个月后服毒身亡。而在这最后朝不保夕的 9 个月中，孔多塞完成了自己的思想绝唱——《人类精神进步史表纲要》。这本名著不仅是法国启蒙运动的重要遗产，而且对后来的思想家也有深远的影响。

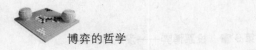

（1）2/3 的同学的社会偏好顺序为：牛毕 > 李带。

（2）2/3 的同学的社会偏好顺序为：李带 > 张冠。

（3）2/3 的同学的社会偏好顺序为：张冠 > 牛毕。

将上面三个不等式放在一起，我们便有：牛毕 > 李带 > 张冠 > 牛毕。

结果说明，牛毕能够在竞选中赢了李带，李带可以在竞选中打败张冠，但是张冠又能在竞选中胜过牛毕。很明显，这种"社会偏好次序"是自相矛盾的，即认为牛毕比李带好，又认为牛毕不如李带。这便是孔多塞的"投票悖论"所说的按少数服从多数的投票规则，最终得到的社会偏好次序不一定合理。

"阿罗悖论"则是对这一著名悖论的进一步形式化。1972 年诺贝尔奖获得者美国斯坦福大学教授肯尼斯·约瑟夫·阿罗（Kenneth J. Arrow）[①] 在 1951 年出版的《社会选择与个人价值》中用数学严格证明了不存在一种既能保证效率又能满足每个人偏好还能不依赖特定程序（agenda）的非独裁的投票方案。简单地讲，不存在一个投票方案是完美的。具体地讲，在任何情况下，依据个人偏好次序得出社会偏好次序一定会至少违背以下五条基本原则中得其中一条：①社会福利函数一定得反映公众的一致偏好；②社会福利函数对个人偏好的变化不能做出相反的反应；③社会福利函数只能体现在那些能够实现的偏好；④习惯和国家法规不能是社会福利函数的约束条件；⑤社会福利函数不能由一个独裁者来决定。

阿罗认为，非独裁情况下，若让至少两个投票者对不少于三个选择作出一项集体决策，就不可同时满足以下方面：

（1）传递性。若投票者从 A 和 B 中选 A（即 A > B），从 B 和 C 中选 B（而 B > C），则在 A 和 C 中必然选 A（即 A > C）。然而上文中班长竞选的例子不能满足这一要求。一个投票系统必须能明确地指出谁是赢家。如果不满足这种传统性，就没赢家，投了半天纯粹是浪费精神。

（2）全体一致性。若所有投票者从 A 和 B 中选 A，则投票的最后结果也应当是选 A 而不选 B。这条实际上是说，全体投票者的一致意见必须得到尊重。如果大家一致认为 A > B，但投票系统的输出结果却是 B > A，这显然是不符合逻辑的。

（3）不相关选择的独立性。无论存不存在一个选项 C，若投票者从 A 和 B 中更偏向于 A，都会选择 A。上文中总统选举的例子不符合这一条。但这条有点费解，我们来试着解释：假如有个女生发现同班两个男生 A 和 B 都有意追她并进一步发展恋爱关系，她根据平常对他们的观察，觉得 A 比 B 更可爱，于是与 A 约会。但突然间另一男生 C

---

①阿罗在微观经济学、社会选择等方面成就非凡，是"二战"后新古典经济学的开创者之一。除了在一般均衡领域的成就之外，阿罗还对风险决策、组织经济学、信息经济学、福利经济学和政治民主理论方面作出了重要贡献。此外，阿罗还是保险经济学发展的先驱。

也有意追求她，她虽然不喜欢 C，但 C 的强烈攻势使 A 看在眼里十分不舒服，便断了与她的这段情，于是她只好去与 B 约会了。一个她并不喜欢的 C 照理不会影响她所选择的 A，但事实上确实受到影响。这就是不相关选择独立性所说的意思。但并非所有投票方法都能保证这条成立。如前面我们所讲的总统选举出现扰局者后的选择结果会逆转，就是这样的例子。

（4）非独裁性。不存在一个投票者，无论他选什么，他所选的都必能在投票中胜出。既然是投票，当然是与大家的投票情况相关，而不是由其中一个人说了算。

阿罗的这一结论也被称为"阿罗不可能性定理"，简单地说就是"所有的民主制度都可能做出不民主的决定"。其证明的逻辑无懈可击。因此，阿罗的结论在学术界引起了轩然大波，但这一"毁灭性的发现"却使他在 1972 年获得了诺贝尔经济学奖。①

在这里再介绍一下由阿兰·吉巴德（Allan Gibbard）和马克·萨特思韦特（Mark Satterthwaite）的名字命名的另外一个不可能性定理吉巴德－萨特思韦特定理。其大意为：若有三个或三个以上的候选者，则任何投票规则都会满足以下三条中的一条：

（1）独裁（dictatorial）：存在一个单独的投票者，其偏好可决定投票的最后结果。

（2）不自由（not free）：至少存在一个候选人，无论投票者的偏好是怎样的，他都不可能取胜。

（3）可操作（manipulatable）：在投票者明白了他人会如何使用规则投票后，为了最大化自己的利益，他可能会不按照自己的真实偏好进行投票以达到自己的目的。

让我们来看一个例子。三个男生小高、小富和小帅分别要与三个女生小白、小甜和小美相亲。每一个人都希望和自己最喜欢的人成为情侣，如果实在不能和最喜欢的人成为情侣，就与第二喜欢的人成为情侣。再不行，与排在第三位的人成为情侣也可以接受。

假设三位男生的偏好如下：①小高：小白＞小甜＞小美；②小富：小甜＞小白＞小美；③小帅：小白＞小甜＞小美。

女生的偏好如下：①小白：小富＞小高＞小帅；②小甜：小高＞小富＞小帅；③小美：小高＞小富＞小帅。

配对的结果是：①小白和小高配对成功；②小甜和小富配对成功；③小美和小帅配对成功。为什么会是这样呢？让我们来分析一下。假定我们给第一名 3 分，第二名 2 分，第三名 1 分，根据男生和女生的偏好，便得到表 9.1。从此表中可知，小高最喜欢小白，但小白最喜欢小富。可惜小富并非最喜欢小白，所以小白只能退而求其次，接受小高，故小白和小高配对成功。再来看小甜与小富。小甜是最喜欢小高，可惜小高更喜欢小白，并与小白配成一对，感情很好，所以没戏，只有退而求其次，与小富配成一

———————————

① 这是阿罗博士论文的结论，愿我们的博士生有一天也能获得诺贝尔奖。

博弈的哲学

对。小富是最爱小甜的，小富最幸运。小美和小帅最惨，都是彼此的最差选择，因为他们的最优选择和次优选择都不会选择这两个人。这就是生活，不能抱怨。

表9.1 男生、女生偏好打分

男生 \ 女生	小白	小甜	小美
小高	2 / 3	3 / 2	3 / 1
小富	3 / 2	2 / 3	2 / 1
小帅	1 / 3	1 / 2	1 / 1

　　从配对的结果可见，没有一个女生能够和自己最喜欢的男生在一起。考虑到这一点，在充分了解其他五个人的偏好之后，为了能够和小富凑成一对，小白可能会采取撒谎的策略。她可以假装自己的偏好是：小富＞小帅＞小高，这样一来，配对的结果就变成小白和小富成为一对，小甜和小高成为一对，小美和小帅成为一对。这个道理是这样的：小白想与小富成一对，除非小甜不要小富；小甜要小富，除非小高不要她，而小高要小甜，除非小白不要他。现在小白把小高放在最后一位，当然是不要他，倒推回去小白就能与小富成一对。因为小白可以通过撒谎能获得更大的利益，所以她有充分的动机在投票中隐藏自己的真实偏好。然而这种形式的谎言是我们在投票中希望能够避免的，但实际上是无法避免的。

　　这一系列的关于投票投票机制问题告诉我们，即便是在民主决策的情况下，我们心中的民主，并非想象中的那样靠谱。对于很多人来说这也许是个坏消息，但对另外一些人来说，投票规则必然存在的漏洞为他们想要达到目标提供了机会。美国总统选举也是类似的情况，民主党与共和党双方都力争更多的支持者来投票。台湾陈水扁竞选连任台湾领导人时更是不择手段，用真假难辨的枪击案来争取同情票，进而赢得选举，让台湾所谓"民主"成为"不过是个笑话而已"。

9.3　大学排名未必真能说明问题

　　每一次大学排名的公布的时候，都会引起社会上一些人的关注：这回排名哪所大学是第一，哪所的排名上升了，谁的排名又下滑了，成为街头巷尾家长们和学生们纷纷议论的话题。

148

表9.2　大学排名投票

人数　意向	20	14	12	10	5	1
第一名	北京大学	清华大学	复旦大学	上海交通大学	中国科技大学	中国科技大学
第二名	上海交通大学	中国科技大学	清华大学	复旦大学	清华大学	复旦大学
第三名	中国科技大学	上海交通大学	中国科技大学	中国科技大学	上海交通大学	上海交通大学
第四名	复旦大学	复旦大学	上海交通大学	清华大学	复旦大学	清华大学
第五名	清华大学	北京大学	北京大学	北京大学	北京大学	北京大学

下面这个例子告诉我们，对待大学的排名，其实我们大可不必那么认真。

假设有 62 位专家对北京大学、清华大学、复旦大学、上海交通大学、中国科技大学五所大学进行综合排名。专家们的个人偏好可以大致分为六种。这六种各种偏好以及选择每种偏好的人数如表 9.2 所示。根据这个表格，我们会得出哪一所大学是最好的呢？实际上，哪所大学能够排在第一位不仅与专家的偏好有关，更取决于我们采取什么样的投票方法。

（1）如果我们采取"多数原则"，那么，北京大学将排在第一位，因为认为北京大学最好的专家人数最多，有 20 位，即便其余 62 – 20 = 42 位专家不认同北京大学排名第一。

（2）如果采用逐轮选举机制，即先角逐出两个票数领先的大学，然后再对这两所大学进行第二轮表决，票数过半的当选。那么，北京大学和清华大学将分别以 20 票和 14 票进入第二轮。此时第一列 20 位专家认为北京大学比清华大学好，第二列到第六列的 14 位、12 位、10 位、5 位和 1 位的专家共 42 位都认为清华大学比北京大学好，故清华大学会赢得最终的胜利，排位第一。

（3）如果用逐轮淘汰机制，进行一系列的表决，逐轮淘汰票数最少的学校。那么中国科技大学因为只有 6 票（第五列 5 位和第六列 1 位专家投）首先遭到淘汰。选中国科技大学的 6 位专家在第二轮的时候 5 位会把票投给清华大学，1 位会把票投给复旦大学，北京大学、清华大学、复旦大学、上海交通大学四所大学是第一名的票数就分别变成了 20 票（第一列 20 位专家投）、19 票（第二列 14 位和第五列 5 位专家投）、13 票（第三列 12 位专家和第六列 1 位专家投）和 10 票（第四列 10 位专家投）。上海交通大学由于票数最少无法进入第三轮，而原本选择上海交通大学的 10 位专家都会把票投给复旦大学。第三轮投票过后，北京大学、清华大学、复旦大学三所学校将分别获得 20 票、19 票和 23 票（即上一轮的 13 票加原本选上海交通大学第四列 10 票），所以去掉得票最少的清华大学后，最后一轮投票会在北京大学和复旦大学之间进行。鉴于原本选

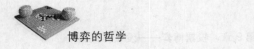

清华大学为第一位的 14 位专家和一开始选中国科技大学为第一位后来转而选择清华大学的 5 位专家都会把票投给复旦大学，复旦大学将以 42 票比 20 票成为排名第一的大学。

（4）如果逐对表决，即让所有大学两两对决，每所大学参与 4 次，共 10 次。那么中国科技大学会以 42 票比 20 票打败北京大学，因为第二列到第六列共 42 位专家都认为中国科技大学比北京大学好；以 36 票比 26 票打败清华大学，因为第一列、第四列到第六列共 36 位专家都认为中国科技大学比清华大学好；以 40 票比 22 票打败复旦大学，因为第一列、第二列、第五列和第六列共 40 位专家认为中国科技大学比复旦大学好；以 32 票比 30 票打败上海交通大学，因为第二列、第三列、第五列和第六列共 32 位专家认为中国科技大学比上海交通大学好。所以，中国科技大学成为最终的赢家，名列榜首。

（5）如果用 Borda 计分法，以第一名 5 分，第二名 4 分，第三名 3 分，第四名 2 分，第五名 1 分计分。那么，这五所大学的分数如下：①北京大学：$5 \times 20 + 1 \times (14 + 12 + 10 + 5 + 1) = 142$ 分；②清华大学：$5 \times 14 + 4 \times (12 + 5) + 2 \times (10 + 1) + 1 \times 20 = 180$ 分；③复旦大学：$5 \times 12 + 4 \times (10 + 1) + 2 \times (20 + 14 + 5) = 182$ 分；④上海交通大学：$5 \times 10 + 4 \times 20 + 3 \times (14 + 5 + 1) + 2 \times 12 = 214$ 分；⑤中国科技大学：$5 \times (5 + 1) + 4 \times 14 + 3 \times (20 + 12 + 10) = 212$ 分。最后，上海交通大学因为分数最高位列第一。

所以对同样的学校、同样的专家、同样的偏好排序，只要用不同投票机制，每所大学都可能排第一。

甚至在相同的投票机制下，只改变一些细节，也能产生不一样的结果。例如，若在采用 Borda 计分法时，以 4 分、3 分、2 分、0.5 分、0 分，分别为第一名至第五名计分，那么，这五所大学的分数将变成：①北京大学：$4 \times 20 + 0 \times (14 + 12 + 10 + 5 + 1) = 80$ 分；②清华大学：$4 \times 14 + 3 \times (12 + 5) + 0.5 \times (10 + 1) + 0 \times 20 = 120.5$ 分；③复旦大学：$4 \times 12 + 3 \times (10 + 1) + 0.5 \times (20 + 14 + 5) = 100.5$ 分；④上海交通大学：$4 \times 10 + 3 \times 20 + 2 \times (14 + 5 + 1) + 0.5 \times 12 = 146$ 分；⑤中国科技大学：$4 \times (5 + 1) + 3 \times 14 + 2 \times (20 + 12 + 10) = 150$ 分。结果是中国科技大学获得最高分，从第五名的大学一下子变成全国第一。

虽然表决机制的选择与设计可以使得排名结果存在很大的随意性，但类似这样运作也还是有限度的，下面我们考虑这样一个例子。

假设有 100 位专家在考察了中山大学和北京大学之后，对这两所大学的五项基本指标进行打分（如表 9.3 所示）。

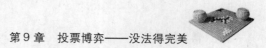

表9.3　大学调查打分

得分＼项目	研究生培养	本科生培养	自然科学研究	社会科学研究	工科研究
中山大学	80%	90%	70%	60%	95%
北京大学	85%	85%	80%	70%	100%

对于一所大学而言，假设五项指标重要性排序为：

研究生培养＞本科生培养＞自然科学研究＞社会科学研究＞工科研究，那么，对于这五项指标的权重也必须依照这样排序赋值。在专家给出分数不能改动的情况下，是否存在一种权重的赋值（通常认为各项指标的权重严格大于0），可以使得中山大学得分比北京大学高？

答案是否定的。这个结论可以用反证法证明。我们先假设存在一种对权重的赋值$a > b > c > d > e > 0$能使得中山大学比北京大学分数高。那么，我们能够得到：

$$80\%a + 90\%b + 70\%c + 60\%d + 95\%e > 85\%a + 85\%b + 80\%c + 70\%d + 100\%e$$

整理可得：

$$-0.5(a - b) - (c + d + 0.5e) > 0$$

但是由赋值的要求我们可以得到$a > b$，所以，$a - b < 0$，又因为c，d，e都为正值，我们可以得出：

$$-0.5(a - b) - (c + d + 0.5e) < 0$$

从而得出了矛盾。也就是说，在上述例子给出的前提下，不存在一种对权重的赋值使得中山大学排在北京大学的前面。

我们同样也可以很容易地通过数学证明，如果一所学校各一项指标都不如其他学校，无论采取什么样的权重，这所大学都不可能"咸鱼翻身"排名在这些学校之上；同样，如果一个学校的各项指标都比其他学校好，那不管给出什么样的权重，它都一定会排在前面。事实上，假设第一所学校各项指标的评分为$t_{1,1}$，$\cdots$，$t_{1,5}$，第二所的是$t_{2,1}$，$\cdots$，$t_{2,5}$，而各项指标的权重为切w_1，$\cdots$，w_5，那么因为$t_{1,1} > t_{2,1}$，$\cdots$，$t_{1,5} > t_{2,5}$，则显然我们有：

$$w_1 t_{1,1} + \cdots + w_5 t_{1,5} > w_1 t_{2,1} + \cdots + w_5 t_{2,5}$$

这也就告诉我们，排名就算再不"着调"，好歹也是一首歌，但要是有人指望从里面变出单口相声来，纯粹是想太多而浪费精神。

9.4 民主集中制也有弊端

人们过去发现集中有问题就试图用民主投票制来避免，而现在又发现民主投票也有问题。那么，能否将两者结合起来，相互取长补短，得到一个完美的民主集中制呢？我们来看一个关于民主集中制的例子。

假定有一个开发商要建造一栋爱疯大厦，大厦的外墙究竟是刷成黑色、金色还是白色，开发商始终拿不定主意。于是聘请三名专家组成一个委员会，通过这三个专家委员的投票来决定大厦外墙的颜色。这三名专家委员中一名是海归学者黑克（简称黑委员）、一名是土豪金鑫派（简称金委员），还有一名是女星白富美（简称白委员）。

表9.4　黑、白、金委员偏好表

偏好顺序	黑委员	金委员	白委员
最喜欢	黑色	金色	白色
其次喜欢	金色	白色	黑色
最不喜欢	白色	黑色	金色

三名委员对大厦外墙三种方案的偏好如表9.4所示。在这样的情况下，若三名委员按照偏好进行投票，恐怕不能得到一个结果。例如，若用分数给最喜欢的打3分，次喜欢的打2分，最不喜欢的打1分，则：①黑色得分为：3（黑委员）+1（金委员）+2（白委员）=6分；②金色得分为：2（黑委员）+3（金委员）+1（白委员）=6分；③白色得分为：2（金委员）+3（白委员）+1（黑委员）=6分。从分数结果分不出一个高低来。此时，我们集中一下权力又如何呢？假设投票程序授予委员会主席进行集中的权力——若各方案得分相等，就由主席来决定最终选择哪个方案。

现在我们来讨论一下，假设黑委员任委员会的主席，三位委员又会如何投票呢？如果每个人都按照自己的喜好投票，那么，黑委员就可以通过实行集中的权力，使黑色外墙的方案通过。但是如果三位委员的偏好是公共知识，为了各自利益的最大化，他们很有可能会进行策略性投票，即不按他们偏好进行投票。

考虑到选投自己最不喜欢的方案是没有意义的，故每个人都不会这样做。于是剩下可能的投票情况只有表9.5中的几种组合。从表9.5中我们可以看到，无论如何，白委员选择白色外墙方案所得到的结果都不会比选择黑色外墙差（选择白色的四种可能情况中2种是两人投白色，故白色赢；而选择黑色的四种可能中无一是白色赢），所以，白委员总会选择白色。剔除白委员选黑色的情况后，我们可以看到若金委员选择金色，则黑委员一定选择黑色。这样一个选金色，一个选白色，一个选黑色，黑委员便可以用其主席的集中权力决定最后的结果为黑色。这样一来，金委员故意选择白色，以避免选择了金色后自己最不喜欢的黑色外墙方案被通过。这样委员知道金委员一定会选白色，白委员当然也就选白色。两票白色，白色得以通过。

这样的结果就是白色。黑委员任主席得出的结果却是自己最不喜欢的颜色。

表9.5 黑、白、金委员可能的反投票情况

金委员选择	白委员选择	黑委员选择	结果
金色	白色	黑色	黑色（黑委员使用集中权得到）
		金色	金色
	黑色	黑色	黑色
		金色	金色
白色	白色	黑色	白色
		金色	白色
	黑色	黑色	黑色
		金色	黑色（黑委员使用集中权得到）

通过同样的方法我们可以分析得到。无论是谁担任主席，在进行策略性投票的情况下，最终通过的方案一定是他（她）最不喜欢的方案。即谁任主席谁不利，这样的民主集中制自然也不是完美的。

于是在投票博弈开始之前，必然还会有一场谁应当出任主席的博弈，也就是所谓的预博弈（pre - game）。其实，现实生活中很多博弈的结果在预博弈中就已经可以见分晓了，所谓功夫在诗外。既然已知，自己倒霉，或者占便宜的话，最好轮流来，或者一方吃了亏，在别处找回来，进行利益交换。当然，如果博弈者要有长期共事的关系，或者明白博弈是一个套一个的，对别人好，别人将来也会找机会报答。

集中有问题，民主有问题，民主集中制还是有问题。人统治人的社会都不会没有问题。所以，大家要想得开，没有必要在这些问题上纠缠不清。

第10章

联盟博弈——怎样分红

前些章主要讨论的都是非合作博弈，这章来讨论合作博弈。这种博弈主要解决的问题主要是如何合理分配合作所创造的价值。

10.1 主动与他牵手

在集体决策的时候我们往往期望达成公平的结果。同样，在现实生活中，如果大家一起合作并有所收获，我们会希望合作所获的最终分配是公平公正的。那么，怎样的分配方式是合理的呢，我们来考虑一下下面这个故事。

中山大学哲学系的李雷仁、韩梅梅和苟意实三位本科生在夏季学期上了罗旭东教授的博弈论课程，该课程的最终考核方式是以小组的形式提交一篇关于博弈论的论文。为了写好这篇论文，李雷仁购买了 60 元参考书籍，韩梅梅购买了 100 元的参考书籍，买了苹果手机的苟意实实在没钱购买任何的资料，李雷仁和韩梅梅还是决定与他一起共享这些书。

经过大家的努力，他们的论文得了优秀，并被罗老师推荐到有关学术刊物上发表，大家都很高兴。但是苟意实每每想起自己在论文撰写之初没有给团队贡献任何资料，都觉得很不好意思。就在不知道怎么报答他的两个好伙伴时，他到百佳超市购物，居然抽奖抽到了一张 800 元的超市购物卡。于是苟意实把这张卡送给了李雷仁和韩梅梅。李雷仁和韩梅梅刚收到购物卡时十分开心，可是如何分配张购物卡却让他们吵了起来。韩梅梅觉得，自己买了 100 元的书，李雷仁只买了 60 元的，所以这 800 元的卡她应该可以花 $800 \times \dfrac{100}{100+160} = 500$ 元，李雷仁只能花 $800 - 500 = 300$ 元。李雷仁却认为，既然买的书大家都是一起看的，这 800 元的卡他们也应该平分，每人 400 元。

在分配购物卡的问题上，韩梅梅和李雷仁的提议哪一个比较公平？除此之外，还有没有别的分配方式吗？

两人争执不下时想到找在研究博弈论的博士生夏鼓励师兄请教。夏鼓励师兄听完两人的意见后，对李雷仁说："韩梅梅愿意分给你 300 元，是因为她爱你，你应该接受它，你还嫌少?! 老实说，若要公正的话，你只能得到购物卡中的 100 元，剩下的 700 元都应该是韩梅梅的。"李雷仁听了很不服气，韩梅梅也听得"云里雾里"的。夏鼓励师兄接着解释道："是这样的，你们三个人共享 160 元的书，公平地讲也应当平摊这 160 元的成本，即每人应支付 160 元/3，都没有超出你们所出的买书的 100 元和 60 元的钱，那么你们多花的部分，就是本来应该由苟意实支付的部分。当时苟意实没钱，他要承担的 160 元/3 是你们俩帮他支付的。"

李雷仁和韩梅梅听后都说："是哦！"夏鼓励师兄接着说："李雷仁开始花了 60

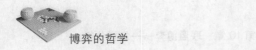

元，减去应该分摊的 160 元/3，李雷仁帮苟意实支付了应该 60 – 160/3 = 20 元/3；韩梅梅花了 100 元，减去分摊的 160 元/3，韩梅梅帮苟意实支付了 100 – 160/3 = 140 元/3 元。140 元/3 元比 20 元/3 多 7 倍。也就是说，韩梅梅对苟意实的贡献是李雷仁的 7 倍，所以苟意实应该给韩梅梅的钱是给李雷仁的 7 倍。因此，这 800 元的购物卡公平的分法是：李雷仁得到其中的 100 元，韩梅梅得到剩下的 700 元。你们觉得呢？"

听完这番话后，李雷仁终于明白韩梅梅对他有多么好，而他又是多么"雷人"，于是觉得那 100 元都不好意思拿了。韩梅梅一看他是如此可爱，终于放下矜持，主动与他牵手。

在上面的故事里，实际上夏鼓励师兄所提出的分配方法遵循着这样一个原则：每个人所得要与他做出的贡献相当，多做多得，少做少得。故事中李雷仁和韩梅梅一起得到了一张价值 800 元的购物卡。虽然李雷仁为此花了 60 元，韩梅梅花了 100 元，他俩支出之比为 60:100 = 3:5，但是李雷仁对得到这张购物卡真正做出的贡献为 20 元/3，而韩梅梅的贡献是 140 元/3，他俩的贡献之比为 1:7。所以，他们的收益应该按实际做出的贡献之比来分配，李雷仁应得 100 元，韩梅梅应得 700 元。

10.2　公平与夏普利值

所得要与自己的贡献相当，这也就是 2012 年诺贝尔经济学奖获得者罗伊德·S·夏普利在 1953 年提出的夏普利值（Shapley value）的核心内涵。

罗伊德·S·夏普利是美国著名数学家和经济学家，在美国加州大学洛杉矶分校担任数学和经济系名誉教授。因在数理经济学与博弈论领域的卓越贡献，他于 2012 年与埃尔文·罗斯（Alvin E. Roth）一起获得诺贝尔经济学奖。夏普利于 1943 年考入哈佛大学，但同年又加入美国陆军航空队，前往中国支援抗日战争。之后，他又重返哈佛校园，取得了数学学士学位。在美国兰德公司工作一年后，他又到普林斯顿大学攻读博士学位。1954 年毕业后，他回到兰德公司工作，直到 1981 年，他成为加州大学洛杉矶分校的教授。其代表著作有《n 人博弈的价值》（1953）、《随机博弈》（1953）、《评估委员会制度中权力分配的一种方法》（1954）、《高校招生与婚姻稳定性》（1962）、《简单博弈论》（1962）和《市场博弈论》（1969）等。

夏普利认为，分配一起合作所得收益时，每一个博弈者所得应当是根据其贡献。贡献越大，所获就应当越高。可是在现实生活中，我们经常犯糊涂，不能够认识清楚自己在团队中的作用和实际的贡献，从而不能够准确了解自己应当得到多少收益，就如同前一节故事中的李雷仁和韩梅梅那样。当我们遇到类似的分配问题时，不可能身边刚好都有一个"夏普利师兄"来帮忙分析，所以，一个能够公平高效地评价每个博弈者贡献的机制就显得尤为重要了。

作为合作博弈中核心概念的夏普利值，为建立这样一种机制提供了一种思路。即根据对团队的做出的贡献或起到的作用，来分配通过共同合作所产生的收益。

10.3　公司分红方法

接下来的一个合作博弈的故事能够帮助我们更直观地理解夏普利值的分配机制。

李雷仁、韩梅梅和苟意实毕业于名校中山大学，又是广东人，所以在毕业后没几年就挖到了第一桶金。三人回想起同窗时一起合作的愉快经历，于是决定共同投资开了一家公司。根据他们的最初的投资额，协商决定在今后需要做决策的时候，苟意实拥有50% 的票力，李雷仁和韩梅梅分别拥有 40% 和 10% 的票力。按照多数原则，今后他们任何一个决策只有获得超过 50% 的赞成票时才能达成。

一年后他们净赚了 150 万元，这时应该如何分配这笔钱呢？这 150 万元应按三人票力之比来分吗？如果这样分，那么苟意实将得到 75 万元，李雷仁得到 60 万元，而韩梅梅只能拿到 15 万元。这时候，拿的较少的韩梅梅可能提出这样的方案，苟意实得到 80万元，自己拿 70 万元，不给李雷仁一分钱（从大学里牵手到毕业后好几年，李雷仁还不求婚，韩梅梅气大着啊）。对苟意实和韩梅梅来说，这样的方案比按票力分配的方案收益更大。虽然这一方案一定会遭到李雷仁的反对，但苟意实和韩梅梅的共同的票力有60%，已经足够使得这项决策达成了。

李雷仁为了避免产生这样的结果会提出什么样的方案呢？他可能会提议苟意实得到85 万元，自己拿 65 万元，一分钱也不给韩梅梅（这对配偶开始互相报复了）。对苟意实来说，李雷仁的分配方案比韩梅梅的方案能让他获得更大的收益，因此他会倾向于李雷仁的方案。韩梅梅无论多么反对这样的方案，都无法阻止这一决策的达成，因为苟意实和李雷仁的票力加起来有 90%，远超了半数。

韩梅梅又可能再提出另外方案，提议苟意实得 88 万元，自己 62 万元，李雷仁又会再提出苟意实得 89 万元，自己得 61 万元的方案。理论上，这样的过程可以无穷无尽地进行下去，而且李雷仁和韩梅梅最后可能真的要分手了。

究竟怎样的分配才是公平合理的，怎样的决策才会最终被达成呢？夏普利提出了一种计算博弈者真实影响力的方法。计算结果被称为夏普利值。具体地讲，在所有可能组合下，一个博弈者对团体的贡献之和除以所有的可能组合的个数后所得的值便是这个博弈者的夏普利值。夏普利值大的博弈者能够对决策中起到更重要的作用。

我们再回到前面故事中，直观地看一看一个人对决策实际的影响力不一定和他们的票力相符。苟意实的票力只有 50%，但由于他可以通过不支持任何让他的收益不大于

50%的方案，得到超过75万元的收益。而这样一种大于50%的影响力又是如何的呢？

由于李雷仁、韩梅梅每个人的票力都不超过50%，这意味着他们中任何人都别想得到他想要的结果。但是，故事中的三个人票力又都大于0。也就是说，故事中任何一个人的权力都不是决定性的，但也没有一个人是没有权力的。这样一来，要达成任何一个结果，都得与他人合作，结成联盟。

夏普利值的基本假设是，各投票顺序联盟形成的可能性相等，博弈者的夏普利值为他对联盟的边际贡献之和除以各种可能的联盟组合总数。这里投票人的边际贡献是指他的加入使得对应组合所增加的胜出的可能性。也就是，对于一个博弈者来说，在某一特定投票顺序下，如果到他投票时，只要且只有他同意，方案便能通过，那么他就是在这一轮投票中的"关键加入者"。[1] 当"关键加入者"加入一个联盟时，这个联盟就会成为赢家联盟；而如果"关键加入者"从已形成的赢家联盟中退出时，原本的赢家联盟也会因此而瓦解。因此，每个博弈者应得的份额应与在形成的赢家联盟中的"关键加入者"的次数成正比，这个"关键加入者"的次数就被称为对应博弈者的权利指数。

在上述的故事中，假设李雷仁提出了一个分配方案后，轮到苟意实表决，如果苟意实同意这个分配方案，李雷仁和苟意实就会形成一赢家联盟，150万元将按李雷仁提出的方案分配。韩梅梅无论加入或退出，即无论是否同意这个方案，都不影响这个方案的实施。但是，如果苟意实不同意这个分配方案，那么，这个赢家联盟就无法形成。在这样一个投票顺序下，苟意实就是所谓的"关键加入者"，而韩梅梅不是"关键加入者"。

故事中的苟意实因为有50%的票力，李雷仁和韩梅梅的方案只要得到苟意实的同意，赢家联盟才能形成，并且任何方案如果没有苟意实的支持都将作废。但对一个方案来说，韩梅梅和李雷仁的票都不是必需的，所以，苟意实对决策的影响力比李雷仁和韩梅梅要大。

---

[1]"关键加入者"这个概念很有意思。国内大多数导师要求学生在论文的署名中导师的名字要署第一。若是学生离开了导师根本搞不定文章，导师便是"关键加入者"，署名第一无可厚非。实际情况却常常不是这样，学校管理部门却硬性规定老师必须多少篇第一作者的文章才能晋升，比如晋升正教授，这造成了许多问题。比如由于实际干活的学生不能署名第一，导致一些博士生学习没有积极性、工作不尽力只要混到毕业即可，而一些能力强的学生易与导师发生冲突。其实在国外，导师一定是署在最后，这样能很好激励学生工作；而且评价一个导师应当主要是他领导学生做好文章能力，而不是像国内大多高校要求导师本身的研究力。一个将军之所以是将军，是因为他枪打得好吗？不是的，是因为他有领导部队打胜仗的能力！中国人在国外发表的文章，导师署名第一，学生写后面，"老外"还以为学生是导师，导师是学生了。今天中国有了许多海归教授，他们中许多不愿做这种颠倒黑白的事，管理部门似乎也意识到了这一点，弄出一个通讯作者等价于第一作者的政策。这样既可以照顾到海归教授的习惯，又能使他们在中国这种环境下继续成长。

我们可以通过这个故事中分红决策所有的联盟的投票顺序来找出其中的"关键加入者"，从而得出每个参与这对决策达成的实际影响力（如表10.1所示）。

表10.1　三人合作投票博弈（Ⅰ）

		联盟				
投票顺序	(1)	李雷仁	李雷仁	韩梅梅	韩梅梅	苟意实	苟意实
	(2)	韩梅梅	苟意实	李雷仁	苟意实	李雷仁	韩梅梅
	(3)	苟意实	韩梅梅	苟意实	李雷仁	韩梅梅	李雷仁
关键加入者		苟意实	苟意实	苟意实	苟意实	李雷仁	韩梅梅

故事中有三个博弈者参与投票，所以共有6种投票顺序，李雷仁、韩梅梅和苟意实作为"关键加入者"的次数也就是他们的权利指数，分别为1、1和4。他们的真实影响力即夏普利值为：李雷仁的是1/6，韩梅梅的是1/6，苟意实的是4/6。

根据李雷仁、韩梅梅、苟意实的真实影响力来分的这150万元，那么，李雷仁和韩梅梅就应该各得到150万元的1/6，也就是25万元，苟意实可以得到这150万元中的4/6，即余下的100万元。

从这样一个结果，我们也可以明白，为什么苟意实50%的票力会让他得到超过总收入50%的收益，因为在超过一半的投票组合中是"关键加入者"。这也说明票力并不能体现真实的影响力。虽然李雷仁比韩梅梅的票力多，由于他们作为"关键加入者"的次数是一样的，权力指数相同，所以收益相同。博弈者真正的影响力体现在与其他博弈者形成赢家联盟时成为关键加入者的次数。一个博弈者的加入形成赢家联盟的可能性越大，博弈者的对决策达成所产生的真正的影响力也就越大；成为"关键加入者"的次数越多，"权力指数"，即夏普利值也就越高。

为了更深入地理解票力只是一个虚假的指标，让我们把之前的故事再继续讲下去：

看到李雷仁、韩梅梅和苟意实在短短一年时间就赚了上百万元，夏鼓励师兄也心动了，于是也参与了他们三人的投资，同时李雷仁和韩梅梅在第二年投资中追加了资金。从第二年开始，李雷仁拥有了42%的票力，韩梅梅拥有12%的票力，苟意实有44%的票力，夏鼓励师兄只有剩下2%的票力。假设一年后他们赚了250万元，夏鼓励师兄可能从这次投资中得到多少收益呢？

虽然夏鼓励拥有2%的票力，但是他在任意一种形成联盟的投票顺序中都不是"关键加入者"，这是因为他那2%，与李雷仁的加起来是44%，少于半数，决定不了任何方案；与韩梅梅的12%加起来是14%，更少；与苟意实的44%加起来是46%，也未到半数。所以，夏鼓励的权力指数为0，对决策没有任何的影响力。无论其他人提出怎样的分配方案，夏鼓励愿意也好不愿意也罢，都只能接受。也就是说，其他三个若不讲同

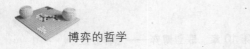

博弈的哲学

窗之谊，不分夏鼓励一毛钱，他也只能认了。

进而我们可以发现：票力只是虚假的权力表示，真实的权利可能大于票力，也可能小于票力。但是权力的大小与票力的大小是正相关的，即票数多票力大的其权力往往也会相应大一些；反之，票数少票力少的其权力也会相应较小；票力相等的其权力总是一样大。可我们也必须注意到，两者权力相同的时候，票力可能是不一样的。通常情况下，博弈者影响力（夏普利值）是一个 0 到 1 之间的值，但如果存在一个博弈者拥有了超过 50% 的票力，哪怕是 51%，他将拥有 1 的影响力，因为他在每一种形成联盟的投票顺序中都一定是"关键加入者"。他本人就已经是一个坚不可摧的"赢家联盟"，自然说什么也就是什么了。其实在一个单位也一样，如果大家离开领导的支持就什么也办不成，领导说啥也就是啥了。所以，在《圣经》里上帝劝告大家一定要听领导的话，免得麻烦。

夏普利值假定了投票者形成每一个联盟的可能性是相等的，即每一种投票顺序的出现是等可能的。然而，这一假设在日常生活中不一定成立——生活中每一种联盟形成的可能性未必是均等的。

例如，在李雷仁、韩梅梅和苟意实投资的第一年，因为李雷仁和韩梅梅关系比较暧昧，他们两人可能会形成牢不可破的联盟，即两个人不会单独与苟意实形成联盟。这样一来，投票的博弈者就变成了两组：李雷仁 & 韩梅梅组合对阵苟意实。这两组人分别各拥有 50% 的票力（如表 10.2 所示）。

表 10.2：三人合作投票博弈（Ⅱ）

次序	（1）	李雷仁 & 韩梅梅	苟意实
	（2）	苟意实	李雷仁 & 韩梅梅
关键加入者		苟意实	李雷仁 & 韩梅梅

这样一来，苟意实和李雷仁 & 韩梅梅组合各当了一次"关键加入者"，因此权利指数都为 1，真实影响力分别是 1/2 和 1/2，因而分配到的收益也应该是一样的，就是李雷仁 & 韩梅梅组合与苟意实各得 150 万元中的 75 万元。至于李雷仁和韩梅梅该如何分这 75 万元，又会不会再因此分手，我们就无法得知了。也许他们可以用我们上面所讲的方法来分这 75 万元。若能达成协议，应该不会分手。不过，不管怎么说，李雷仁和韩梅梅以联盟的形式加入这个分红博弈中所得的总收益比他们单独与苟意实进行分红博弈所得的收益明显增加许多。

这就是为什么单位领导最怕下属拉帮结派，而下属们都会拉帮结派，团结就是力量。团结就是力量没错，但争到好处后，自私自利目光短浅的人容易陷入囚徒困境，同室操戈，弄得两败俱伤、同归于尽。网上传言，一位院士评论某些中国科研人员申请课

162

题能做到"五同"：写课题申请书时是同心协力，然后游说时同心同德，拿到课题后便同床异梦，然后来就是同室操戈，最后是同归于尽。这话是否真实，但愿大家反思，以求解之道。其实解决之道很简单：大家不要贪心即可，只要做到这点便能成大家。因为他愿为人舍，别人就愿与他合作。据说华为老板任正非、淘宝老板马云所占其公司的股份都极低，很能说明问题。马云甚至认为贪念才是成为超级土豪的最大敌人。

传统博弈理论假定所有博弈者都是完全理性的。基于这一假设,纳什均衡的概念便可以用来预测博弈者在完全信息下的策略或交互行为。可是,现实生活中的人很难做到完全理性的。在后面一章实验博弈专题中我们也能看到很多体现人的"非理性"的例子。同时,"完全信息"的条件在我们的日常生活中也显得过于严苛了。事实上,现实世界变幻莫测,极其复杂,要获取完全信息通常是不可能的。所以,虽然传统博弈论能反映博弈者之间的互动和决策对彼此的相互影响,但其不现实的假设就导致其难于应用于实际以规范人们的行为或预测人们的行动。

有别于传统博弈论,演化博弈取消了"完全理性"和"完全信息"的假设。在演化博弈中,人不再是完全理性的博弈参与者,人们将以群体为单位通过试错的方法达到博弈的均衡。这一过程类似于生物演化的进程,故称演化博弈。这种博弈更注重考察一个系统达到均衡稳定的动态过程,并提出一种新的"演化稳定均衡"的概念来预测博弈者的群体行为。由于演化博弈更贴近现实,对问题的分析更为全面,很多时候能比传统博弈论更准确地预测实际生活中博弈者的行为。

看上去传统博弈论与演化博弈论十分不同,但若将演化博弈论中的群体理解为传统博弈论中的博弈者个体,把群体选择不同纯策略的人占总体的比例看成混合策略中选择各项纯策略的概率,那么,这两种不相容的理论就达到了形式上的完美统一了。

11.1　演化鹰鸽博弈

让我们先来考虑一下演化博弈中最经典的鹰鸽博弈(Hawk – Dove),描述了群体中动物为争夺某种生存资源而竞争的情形。竞争中胜的一方将得到更多的生存资源从而更好地繁衍后代,失败者则会因缺少必需的生存资源而导致后代数量减少。每只动物都有两种策略——鹰策略和鸽策略。鹰策略代表攻击型策略,鹰的特点是凶狠好强,若非身负重伤否则绝不退让。而鸽策略代表和平型策略,鸽子的特点是非常温顺平和,绝不会伤害其他动物,且时常胆小怕事、委曲求全。

假定一次竞争中能得到的全部生存资源有 10 个单位,得不到任何资源但全身而退能得到 0 的收益,两败俱伤的情况虽然可能得到部分的资源但由于得不偿失,所以收益为 –5。

我们可以用图 11.1 来描述鹰鸽博弈:如果群体中两只鹰之间展开了竞争,他们会一直打斗直至两个都身受重伤,所以收益都是 –5。如果竞争的是两只鸽子,他们会和平地分享这 10 个单位的资源,各自能得到 5 的收益。如果是鹰和鸽子竞争的话,鸽子会立即逃跑,虽然得不到资源,自己也没有损失,收益为 0,而鹰可以轻而易举地享有全部的资源,收益为 10。

博弈的哲学

	B	
	鹰	鸽
A 鹰	–5，–5	10，0
A 鸽	0，10	5，5

图 11.1　鹰鸽博弈

　　这是一个完全信息下的静态博弈，根据之前的知识，我们可以发现这个博弈中存在两个纯策略纳什均衡（鹰，鸽）与（鸽，鹰），和一个混合策略纳什均衡（1/2 鹰，1/2鸽），但是我们无法预测出博弈者究竟会到达哪一个均衡。而演化博弈理论考虑突变因素的影响，便能对这一博弈结果进行预测了。

　　我们假设一开始所有的个体都是温和的鸽子，它们所生的孩子当然也是鸽子，只要有鸽子在繁殖，群体会一直全部是鸽子。可是一旦群体中遇到攻击性的鹰入侵，这只鹰会因为与自己竞争的都是鸽子从而获得大量的生存资源，使得鹰个体得以很快地繁殖。同时由于生存资源被鹰夺去，鸽的数量逐渐减少。但是当鹰的数量达到一定程度后，他们遇到同样采取攻击性策略的鹰的概率就会大大增加，鹰与鹰之间的竞争使鹰的个体损失惨重，数量减少，于是鸽个体的数量在这一过程中就会得到增长。在这样此消彼长的动态过程后，最终会达到一个群体的稳定状态，即 1/2 的鹰和 1/2 的鸽。虽然，这个结果让我们意识到，我们所期望的和平共处的社会并不是那么稳定。但也让我们明白，就算是在弱肉强食的丛林社会里，平和的处事方式也总是能占一席之地的。

　　此外，之前我们提到了传统的博弈理论和演化博弈论可以达到形式上的统一，鹰鸽博弈也证明了这一结论。我们发现达到演化稳定均衡时群体中鹰和鸽比例，也是鹰鸽博弈的混合策略纳什均衡中选择两种策略的概率。

11.2　生活中的演化博弈

　　我们在生活中也能发现许多演化博弈的例子。

　　在英国、日本（除冲绳）和新加坡等国，车辆都是靠左行驶的，而中国、美国以及加拿大等国的车辆是靠右行驶的。这样一种差异是怎么形成的呢？

　　假设有一个没有强制规定车辆该靠左还是靠右的城市。对于城市中的人来说，如果自己靠左行驶，迎面而来的人也靠左行驶，当然就道路顺畅，因此各自都能得到 1 的收益。如果大家都靠右行驶也同样能得到皆大欢喜的结果。但如果一个人靠右行驶，迎面来的人靠左，他们就会因为要承受协调商议和道路拥堵的时间成本得到 –1 的收益。行

168

车博弈如图 11.2 所示。

	B	
	左	右
A 左	1, 1	-1, -1
A 右	-1, -1	1, 1

图 11.2　行车博弈

从图 11.2 中可看出，在这个博弈中（左、左）和（右、右）都是纳什均衡。而事实上，他们同时也是演化稳定策略。即使没有强制的规定，这个城市最终都会实现大家都靠左行驶，或大家都靠右行驶的状态。通过这个例子，我们还能发现，演化稳定策略一旦被接受，它便能抵制任何变异的干扰，也就是说，任何小的突变群体最后都会随时间的流逝从原群体中消失。在上面的例子中，如果全体靠左行驶的稳定已经产生了，那么就算出现一个靠右行驶的突变个体，这个个体将很快意识到逆行是很容易出车祸的，所以靠右行驶不是最优的策略，转而选择靠左行驶。这也就意味着，演化稳定策略有很大的稳定性。

11.3　路径依赖

路径依赖这个概念最初是由美国斯坦福大学教授保罗·戴维（Paul David）于1985年提出，并与亚瑟·布莱恩（Arthur Blain）教授一起将这一思想系统化。路径依赖的基本思想是：不是不可改，而是改的代价太大，不如不改。下面我们分析这种现象的一些实际的例子。

11.3.1　案例——不是不可改而是代价太大

制度的革新为何如此困难，就是因为它达到稳定后就很难再被撼动，路径依赖从而也就产生了。

在日常生活中，当一种方案已经广泛地被人所接受，即便有更好的方案，人们也未必会接受它。作为中国人，应该很容易理解有亲朋好友办喜事、摆酒席一定有包红包的习俗。尽管现在红包里的钱一涨再涨，喜事办得越来越频繁，导致人们对请帖是见了就怕，但也没有人能改变这个习俗。如果你想标新立异，收到他人的请帖而不送红包，只是送个小礼物表示心意，恐怕就会被众人说三道四。

在大学里我们常见这样的现象：一个女生有了男朋友后，就会拒绝其他男生的追

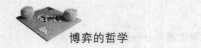

求，即使其他男生比其男友好。这实际上是路径依赖。对女生而言找到一个男友也非易事，把现任男友甩了，未必能与追她的男生好上，所以不如不换。换一个角度来看，男生如想追漂亮女生时，一定要先下手为强！

早睡早起，或晚睡晚起也是路径依赖。如果你是早睡早起的人，就不太可能晚睡；睡得早，睡够了，自然也醒得早，醒了不爬起来会很难受，故起得就早。同样，每天睡得晚，就难早起。起来得晚，一天的活儿很难及时完成，只好拖到很晚才睡；如此，恶性循环，很难改过来。当等人们普遍认为早睡早起身体好，所以大家就要养成好习惯。若已陷于晚睡晚起的恶性循环中时，要利用假期等机会将坏习惯改正过来。

一个路径依赖经典的例子便是电脑键盘的设计。斯托夫·拉森·肖尔斯发明了商用机械打字机，其键盘是由 26 个英文字母按顺序排列而成，用该打字机打字时是通过按下的键引动字棒来把字母打印在纸上的。人们熟练后，打字速度越来越快，由于字棒追不上人打字的速度，以致经常出现卡键现象，甚至发生损坏。为了减少卡键的发生，1873 年肖尔斯把键拆下来，将较常用的键重装在外边，把较不常用的键放在中间，形成了目前我们所用的"QWERTY"的排法，该排法有效地减慢了人们的打字速度。当 1904 年纽约雷明顿公司大规模生产使用这一排法的打字机，使得这种不完美的排法竟然成为了行业标准。

随着科技的发展，今天已没有机械打字机，都是电脑键盘输入，不存在卡键问题了，可"QWERTY"排法却保留了下来，成为人们熟知和习惯的键盘排法。即便工程师们发明出了能使打字员手指移动距离缩短 50% 同时使输入时间节省 5%～10% 的 DSK 排法，人们也不大愿意再去学习一种新的键盘排列。这是因为对于 QWERTY 排法下形成的许多习惯，包括各种打字机、计算机键盘和人们使用习惯接受训练的打字员，再来适应 DSK 排法的成本实在太高。试想如果联想集团生产了一款 DSK 排法的笔记本电脑，大家由于习惯"QWERTY"排法，在用这款电脑会感到找不到要打的键，效率十分低下。既然有让我能够找得到键的电脑买，为什么要买这款奇怪的。大家都这样想，联想集团就会亏大了，所以它根本不敢试一下 DSK 排法。哪怕最初让我们选择 QWERTY 它的理由已经不存在了，我们依然很难摆脱它。

另一个类似的例子是 CD 和 DVD 包装盒大小的设定。CD 包装盒宽 14.8 厘米，高 12.5 厘米，而 DVD 包装盒宽 13.5 厘米、高 19.1 厘米。明明 DVD 和 CD 的大小尺寸一样，为何两者的包装盒规格却如此不同呢？这是因为它们的包装盒分别有着不同的历史沿革。在音乐 CD 出现以前，人们主要用黑胶唱片来存储音乐，其包装是 30.2 厘米见方的盒子。于是将 CD 包装盒设计成 14.8 厘米高，这样放在原黑胶唱片的货架空间刚好放得下两排 CD 盒子。这使得销售商可以使用原先摆放黑胶唱片的货架来摆放 CD，省去了更换货架的成本，CD 生产厂家才容易让卖黑胶唱片的商家卖他们的 CD。DVD 的情况也类似。在没有 DVD 时代，大多数影碟租赁店放的是 VHS 格式的录像带，它被装在宽 13.5 厘米、高 19.1 厘米的盒子里。DVD 包装盒保持原来录像带包装盒的高度方便租赁店在现有的货架上进行展示，同时也方便消费者把新买的 DVD 放在原来存放 VHS 录像带的架子上，这样能促进消费者从看 VHS 录像带尽快转到看 DVD。

至今，CD 和 DVD 已经成为我们生活的一部分，黑胶唱片和 VHS 录像带已难见其踪影。但因一开始 CD 和 DVD 的包装就使用了不同的规格，零售商和租赁店都拥有适于存放 CD 和 DVD 的货架，封面设计者也习惯于设计这一规格的包装。最后这样的包装规格逐渐成了国际上统一的标准，所有的生产商都不得不遵循。设想将一款 CD 故意把包装做得很另类，零售商和租赁店就不得不换货架来展示这款 CD，相信他们是不会乐意卖这款 CD 的。

美国航天飞机燃料箱两旁火箭推进器的宽度也是由于类似的原因被确定的。因为推进器造好之后要用火车运送到发射场与火箭组装在一起，在运送的路上自然会有一些隧道，而这些隧道的宽度只比火车轨道稍宽一点。所以，火箭助推器的宽度就由铁轨的宽度决定了。早期的火车是在英国由造电车的人造的，为了省事，铁路的宽度就是电车所用的轮距标准。最早的电车是造马车的人造的，故电车用的是马车的轮距标准；而在英国，最早的马车便是古罗马军入侵英国时使用的战车。这种战车是用两匹马来牵引的，所以其宽度便是两个马屁股的宽度决定的，于是马的屁股决定火箭推进器的宽度。这看似荒谬，但却蕴含着深刻的道理：当一种标准一旦被确立，并在历史长河中被广泛采用、形成稳定时，任何打破这种稳定的尝试都需要付出巨大的代价，人们认为不如遵循这样的标准为好。所以就算出现少量的变异个体，它们也会因承受不了改变的成本而逐渐消失，群体的稳定状态就这样一直延续下去。

试想一下：如果一个公司生产出了一款宽度不同的火车，即便这款火车的性能更好、车厢更舒适，人们也不会选择乘坐它。因为这些火车无法在已有的轨道上行驶，坐着它哪都去不了。但要求该公司在全国各地铺满适合这种火车行驶的铁路，又是不现实的。这样一来，就算这是一款性能更优用户体验更佳的火车，也只能被无情地淘汰掉。

11.3.2　反思——高校科研基金申请

今天高校科研基金的申请也是路径依赖的。写申请报告要花太多时间，若不好好写，很容易就拿不到钱，尽管你过去的研究做得很棒。但实际上基金到手后，会不会真的按申请报告书写的那样来做研究，那完全是两回事，多数人恐怕都不会真的会按计划书来做。因为一方面能否找到能够做且感兴趣的学生是个问题，做不做得出来也是一个问题；另一方面值不值得那样做仍然是个问题。计划书是根据当时研究现状写的，一个项目一般持续好几年，科学技术日新月异，不与时俱进，就算把项目书中的东西做出来也无意义。既然如此，为什么要花大量时间去写那申请书，把时间用于研究岂不更好。但谁这样做，谁就拿不到钱，研究生和博士生的生活补贴就没着落，研究就做不下去，

职称上不去，工资也上不去。但国家层面是否能改一下，每个博士生毕业时都给些经费（比如说十万元科研启动经费）。后面每年或每两年，根据成果数量和质量决定继续资助。干得越好，资助越多；没干出成绩就没钱了。这样便用不着浪费大量人力时间去写申请报告、去审申请报告、去管理项目申请书。当然，国家也许改不了，因为这也是路径依赖。

11.3.3　应用——苹果公司的妙计

苹果公司的 iPhone 和 iPad，与安卓系统不兼容，实际上是应用路径依赖的策略。本书第一作者家里有两台 iPhone、三台 iPad，两个熊孩子加上两个童心未泯的大人，买了大量的 App 安装在 iPhone 和 iPad。三星出了新款手机加手表、平板电脑，硬件看上很好，也想买来玩。但每每想到花了近万元买的各种苹果 App 不能在三星装的安卓系统运行，就只好打消了购买任何三星产品的念头。苹果就是这样用路径依赖策略牢牢地控制了像本书第一作者这样的粉丝，好在苹果硬件还不太让人失望！

11.4　马太效应

路径依赖往往伴随着马太效应（Matthew Effect）。马太效应指强者愈强、弱者愈弱的社会现象。其名字源于《圣经》马太福音中的一句话："凡有的，还要加给他叫他多余；没有的，连他所有的也要夺过来。"《道德经》中也有类似的思想，第七十七章提到"天之道，损有余而补不足；人之道则不然，损不足以奉有余"。这一说法最早是由美国研究科学史学者罗伯特·莫顿（Robert K. Merton）于 1968 年发明的。他发现在科学发展史上相对于那些不知名的研究者，声名显赫的科学家通常做多一点便能得到更多的声望，即使其所做的与无名小卒的相似。莫顿进一步发现，一般而言任何个体、群体或地区，在某一个方面（如金钱、名誉、地位等）获得成功和进步，就会产生一种积累优势，就会有更多的机会取得更大的成功和进步。

这种不公平的现象在生活中其实十分普遍，说白了就是赢者通吃。比如，富人钱多、朋友多且资源也多，故能够很容易地赚到更多钱，变得更富；穷人则没钱，没门路，也没有帮大忙的朋友，往往很难改变贫穷的现状。朋友多的人，能通过已有的朋友结识到更多的人，交到更多朋友；而没有朋友的人，一般而言个性古怪，自己不擅长交朋友，也难通过老朋友认识新朋友，只能一直孤单下去。再比如，原本饭店就多的街道由于人们出去吃饭都会想到那里，新的饭店也就更愿意在那里开张；而没什么饭店的地方虽然竞争不那么激烈，但光临的顾客也寥寥无几，能开下去的饭店也就越来越少了。

马太效应一反"失败是成功之母"的常识，向我们揭示的是"成功才是成功之母"。一个人成功的时候，无论在物质上还是心态上都比其他人多了一些优势，而这些的优势又有助于进一步的成功，并产生更大级别的优势积累。相反，如果一个人对失败产生了路径依赖，那么他将一生天天地生活在与"成功的母亲"失败的悲剧婚姻当中。

第12章

实验博弈——探索人类的理性界线

在前一章的演化博弈中，我们看到一种从更现实的角度去构造的博弈模型。除此之外，在博弈论诞生之初，就有另一种研究博弈论的方式——实验博弈，它也在挑战完全理性这一传统博弈基石。实验博弈论的研究者们根据博弈论模型进行心理学或者人类行为学实验设计、实施实验并记录实验结果，再将所得的实验结果与理论模型进行对比，从而更深刻地理解博弈论对人类博弈形为的刻画。令人们感到惊奇的是，实验得出来的结果往往和理论模型中逻辑推理出的结果存在较大的出入，甚至大相径庭。这使得人们意识到，在现实生活中参与博弈活动的人并不是那么理性的，左右人们决策的因素其实还有很多。

12.1　囚徒困境实验

囚徒困境可以说是最经典的博弈论模型之一。我们已经知道，在囚徒困境的模型中，博弈者都有两个策略可以选择：合作或者背叛。博弈的结果，即纳什均衡，是两个囚徒都选择背叛的策略。但两人都选择合作所获得的收益高于两人都选择背叛，所以相互背叛是双输的结果，而都选合作是双赢的结果。因为对于所有的博弈者来说，背叛是他们的最佳策略，所以理性的博弈者都会选择背叛策略。因此，相互背叛应该是博弈论可预测到的最终的策略组合。

1950 年，在美国著名兰德公司工作的梅里尔·弗勒德（Miller Flood）和梅尔文·德雷希尔（Melvin Dresher）进行了第一次模拟囚徒困境的人类行为实验，他们惊奇地发现，实验中博弈者多数情况下都选择合作。实验参试者是弗勒德和德雷希尔的两名同事，阿曼·阿尔钦（Armen Alchian）和约翰·威廉姆斯（John Williams）扮演两位囚徒的角色。在实验中，他们连续进行了 100 次博弈。开始时，阿尔钦认为威廉姆斯肯定会背叛，而威廉姆斯却力图促成双方的合作，可惜阿尔钦不理解，以为威廉姆斯采用的只不过是混合策略而已。可是随着博弈的次数增多，阿尔钦渐渐领悟到威廉姆斯的善意。当博弈进行到第 100 个回合时，阿尔钦采用了背叛策略。事实上在这一回合里，他俩都采取了背叛的策略。

在阿尔钦和威廉姆斯连续 100 次博弈中，被认为最稳定的纳什均衡策略组合（背叛，背叛）总共知道只出现了 14 次，而不稳定的非纳什均衡（合作，合作）居然出现了 60 次之多，其中较长的一次连续相互的合作从第 83 轮持续到第 98 轮，直到第 99 轮有人偷偷选择了背叛。由此看来，人们在博弈中选择合作的次数远比预料中的背叛要多得多。这是不是说明博弈论的模型（至少是囚徒困境的模型）是不准确的呢？

实验结束后，弗勒德和德雷希尔把实验结果拿去给约翰·纳什看。纳什看后认为，这项实验并不是一个一次性博弈的囚徒困境，而是重复博弈。在重复博弈的过程中博弈

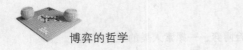

者的决策会受到前面进行过的博弈的影响，而囚徒困境的模型应该是针对一次性博弈的。

下面介绍一种多人囚徒困境博弈。多人囚徒困境博弈是囚徒困境博弈的变种，博弈者不再限于两个人，而是可以有多个博弈者。多人囚徒困境更能刻画社会中的一些现象。

有这样一个童话故事就是典型的多人囚徒困境的例子：在同一个屋檐下生活这一群老鼠和一只猫，这只猫每天对老鼠们虎视眈眈，老鼠们一不小心便被猫吃掉，所以老鼠们对猫都恨之入骨。但老鼠们也无能为力，只能每天胆战心惊地过日子。有一天，一只聪明的老鼠想出来一个办法，说只要给猫系上一只铃铛，那么猫走起路来铃铛一响一响的，这样一来老鼠们大老远听到铃铛的声音就可以溜走，惹不起应该躲得起吧。所有老鼠都认为这是一个好主意，但是问题是：谁愿意冒着生命危险去给猫系上铃铛？谁愿意做那只牺牲自己成全大家的伟大老鼠呢？估计没有一只老鼠愿意这样做。事实上，在这个多人囚徒困境博弈中，所有老鼠都面临两个策略，要么牺牲自己，要么保全自己。很显然，每只老鼠的最优策略都是保全自己。所以，这只聪明老鼠的好主意，最后是没有办法实现的。

多人囚徒困境也被研究者请进了人类行为实验室。在实验室中，多人囚徒困境采取了一种叫做捐款博弈的形式。实验开始时，每名博弈者会得到10元的初始资金，并设立共同储金这一机制。然后所有的博弈者可以保留这10元的一部分，再把剩余的捐给共同储金。捐出来的共同储金将会自己翻倍，之后再平分给所有的博弈者，捐款者和非捐款者一视同仁。

假设李雷仁、韩梅梅、苟意实、夏鼓励四个人参与该实验。不考虑其他人的行为，李雷仁只要向共同储金捐出1元，共同储金就会翻倍成为2元，但是这2元中，有1.5元要分给韩梅梅、苟意实和夏鼓励，李雷仁只能拿到其中的0.5元，李雷仁反倒亏了0.5元。李雷仁若继续提高捐赠量，最后只会亏得越多；而减少捐赠量，反而会获益。对于韩梅梅、苟意实和夏鼓励来说道理也是一样。所以，对每个人来说，最好的选择是一分钱都不捐，而希望别人慷慨解囊，这样自己无需捐款就可分到共同储金，何乐而不为？但如果每个人都是这样绝对理性的博弈者，都不捐，那么最后就没有共同储金，每个人手中的钱也就无法增加。而若每人都把10元全部捐出，40元共同储金翻倍后，会变成80元，每人都能分到20元。这本应是一个更理想的结局，但问题是没有一个有效的机制来确保每个人都一定将自己的10元全部捐出去（其实只要保证至少有两人捐相同的钱就行），大家都想着别人做那个捐款者，自己少捐或者不捐。实验的结果是大家多少都会捐一些，当然也不能排除个别人什么都不捐。

这些人类学行为实验为我们揭示出了一些重要的结论。如人不是绝对理性的，而是有限理性的。现实生活中人们在进行博弈活动的时候，不会进行数学计算，也难以做到完全只考虑自己不考虑别人，人性中有互惠的特性。若一个博弈者最初是背叛了，而另一个博弈者却选择合作的时候，前者也许会被感动，于是也会选择合作来回报。人性中也有贪小便宜的特性，喜欢搭顺风车、不劳而获。当有人为集体作出贡献了，没有一种机制迫使每个人必须也作出贡献，这时候爱偷懒者就会选择贪吃贪睡不干活。

12.2　最后通牒博弈的实验

有这样一个最后通牒博弈实验：主持人拿出 50 元钱，让两个博弈者来分。一个博弈者（提议者）提出一个分配方案，另一个博弈者（应答者）。若接受就按此分；否则，主持人将钱收回，两人一分钱都没有。

让我们做一个理论分析。假设提议者仅有 51 个整数策略：0，1，2，…，50，代表其建议分给应答者的钱数。显然，即使提议者只分给应答者 1 元，应答者也应该接受，因为 1 元总比什么都没有好。同样的道理，不管提议者分给应答者多少钱，应答者应选择的最优策略都是接受。就算是提议者想要自己独吞 50 元，一点都不分给应答者，这时应答者接受或者拒绝都是无差别的，因为应答者虽分不到钱，但也没有损失什么。

有次在博弈论的课堂上，罗老师想看看理论分析得对不对，于是拿出 20 块钱，让男主角李雷仁作为提议者，女主角韩梅梅作为应答者当场进行了一次最后通牒博弈实验。与理论分析大相径庭的是，在实验中，李雷仁没有经过太多的考虑，便提出每人 10 块钱的分配方案，韩梅梅也很乐意地选择接受这个方案。

在这个实验中，韩梅梅似乎运用了她的最佳策略，选择接受。但是我们细想一下，是不是李雷仁提出什么样的分配方案，韩梅梅都会欣然选择接受呢？事实并不一定如此。韩梅梅接受对半分的分配方案，可能是认为它是公平的，因为是平分。而另一方面，李雷仁并没有选择自己的最佳策略，李雷仁的最佳策略应该是仅仅分给韩梅梅 1 分钱。因为如果李雷仁把韩梅梅假设为一个十分理性的人，经过谨慎的分析，他应该能够预见到，理性的韩梅梅会认为自己分到即使是一分钱，也是钱，总比分不到钱要好，所以无论自己提出分给韩梅梅多少钱，韩梅梅都应该会选择接受。但李雷仁这样的提法真的是可行的吗？未必见得。事实上，如果任何一个人站在李雷仁的位置上，都不会从绝对理性的角度去进行分析。多数人会认为，如果自己提出的方案太过贪婪，分给对方的钱太少，对方很有可能会选择拒绝，这样双方都拿不到钱。这样的话，还不如提出一个相对公平一点的方案，让自己的利益牺牲一点，但也不至于一无所获。另外，李雷仁面对的是一个女生，他也很有可能认为自己有必要表现出绅士风度，而选择提出一个相对慷慨的分配方案。

如果站在韩梅梅的角度来看，可以发现李雷仁的慷慨不无道理。任何一个应答者，

在面对一个不太公正的分配方案，比如说2：18时，提议者的小气作风可能会引起她的愤怒或反感，她会认为自己受到了不公平的对待，从而选择拒绝分配方案，尽管牺牲掉了自己2元钱，但是可以惩罚到对方，让对方也拿不到18元钱。再说李雷仁正在追求韩梅梅，还未成功，哪会因贪这点钱而得罪韩梅梅！

上面罗老师在教室做的实验只是一次，也许有人会质疑这个实验结果不过是特殊情形，所得结论不具有普遍性。实际上最后通牒的实验是对许许多多"李雷仁"和"韩梅梅"做的，最后的统计数据揭示：对于应答者来说，通常会拒绝低于30%的分配方案，也就是说应答者会在一定情况下牺牲了自己的利益，去报复提出不公平分配方案的提议者。另一方面，提议者提出的分配方案通常高于应答者理论上所能接受的最低值，因为提议者知道当自己提出的分配方案对应答者过于不利时，很有可能会遭到拒绝。在实验中，五五分成的情况最为普遍。

对于这样的实验结果，一种解释是，人性中具有互惠的倾向。互惠假说认为，人们常常会这样，你够意思我也够意思；你不够意思就不要怪我无情，就算是有损己也会不放过你。所以说，在最后通牒博弈中，提议者提出相对公平的分配方案，应答者往往会接受方案，让双方都拿到好处；而如果面对的分配方案不公平，应答者则倾向于拒绝，让对方也拿不到好处，尽管自己的利益也会受损。

12.3 蜈蚣博弈的实验

12.3.1 互惠精神

我们先来看一个蜈蚣博弈的例子。话说悟空和八戒在陪师父西天取经功德圆满之后身心疲惫，经过师傅唐僧的特批，悟空和八戒愉快享受起休假式治疗。一天，两人游玩至蟠桃园，觉得饥渴难耐。正好蟠桃园的桃树长满了又大又甜美的蟠桃，于是悟空和八戒决定轮流爬到蟠桃树上摘桃子，每人每次摘5个桃子。悟空身手敏捷，首先爬树摘到5个桃子扔下来，八戒则负责在树下看守。在树下看守的八戒这时候有两个选择：要么老老实实地看着桃子，等悟空从树上下来之后自己也爬上树摘5个桃子，要么趁悟空还没从树上下来，把5个桃子拿走独吞。假设八戒选择了老老实实看桃子，这时悟空摘累了从树上下来，轮到八戒爬上树去摘桃子，悟空在下面看守。这时悟空同样面临着两个选择：要么老老实实看桃子，要么把自己摘的和八戒摘的10个桃子全拿走独吞。这样反复进行下去，或者悟空上树摘桃子，八戒在底下看着，或者反过来八戒上树摘桃子，悟空在底下看着。如果每回负责看守的人都选择老老实实，不独自把桃子卷走，那么最后当他们摘够了20个桃子，他们就可以愉快地平分这些桃子，每人痛痛快快地吃上10

个又大有甜的蟠桃。这个博弈可以用图 12.1 表示，其中每组收益数字中，第一个数字表示八戒的收益，第二个数字表示悟空的收益。

图 12.1　八戒悟空博弈

我们不妨使用向前展望、向后倒推的方法来分析。当摘满 20 个桃子并且两人平分的话，两人的收益分别是 10 个桃子，是一个公平的结果。但是对于悟空来说，如果在八戒把最后 5 个桃子从树上扔下来的时候，他把桃子全部拿走，他能够得到 20 个桃子，比最后平分得到的 10 个要多得多。若吃不了的话，还可拿去孝敬师父讨好他老人家，他老人家一高兴没准就把头上的金箍取了。因此，悟空绝对有动机把 20 个桃子全部拿走。照这样说，在第三轮悟空在树上摘桃子的时候，八戒就能够预见到第四轮悟空会把桃子全部拿走，自己将什么也得不到，所以在第三轮八戒会选择把桃子全部拿走。同理，在第二轮悟空会预见到第三轮八戒的举动，所以为了避免自己什么也得不到，在第二轮悟空会选择把桃子全部拿走。第一轮中八戒预见到第二轮悟空的举动，因此在第一轮八戒会把桃子全部拿走。这样看来，这个博弈的纳什均衡应该是八戒在悟空第一次从树上扔下来 5 个桃子的时候，就把 5 个桃子全部拿走，对应的收益为（5，0）。

现实生活中人们是否会按上面分析的去做呢？有学者设计了坛子抓钱的实验，来研究人们在蜈蚣博弈中的表现。开始坛中有 5 元钱。博弈参与人甲允许抓其中 4 元，将剩下的 1 元留给乙，或者将坛子直接传给乙。当坛子在乙手中时，乙也可以选择抓钱或把坛子传下去。坛子每被传一次，实验支持人就会向坛子里加 2 元钱。这样，乙就允许抓 6 元，给甲留 2 元。但若是乙选择传下去，那么坛中的钱就会增到 10 元，主持人将平分给他们，让甲和乙两人各得 5 元钱。这个博弈如图 12.2 所示。

```
甲 ──转──→ 乙 ──传──→ （5,5）
│          │
抓         抓
↓          ↓
（4,1）    （2,6）
```

图 12.2　抓坛子实验

如同前面摘蟠桃的例子一样，根据博弈论的假设，博弈者是绝对理性的（即完全自私自利的），甲在第一回合就应该抓。但在实验中，经常出现的是坛子一直被传下去，直到平均分配的终点，而在第一回合就抓的情况是非常少见的。

博弈的哲学

这个实验的结果同样可用互惠理论来解释。博弈者乙知道，甲本来可以不传坛子使自己捞到 4 元钱，而乙只得到 1 元钱。也就是说，甲这样做能保证自己得到更多的钱。所以若甲不这样做却将坛子传给乙，乙会认为甲对他很友善，于是在轮到乙时，他一般会将坛子传给甲而放弃自己可拿到的那 6 元钱以回报其善意。这样，甲的收益将从 4 元钱增到 5 元钱，而乙的收益则将从 6 元钱减到 5 元钱。就这样，在善有善报、互惠互利的心理下，坛子就会被一直传下去，直到平均分配的终点。

12.3.2 将爱情进行到底

无论在电影、电视或是生活中，我们总能看到恋爱中的两个人吵吵闹闹，分分合合，以致人们常说不吵不闹没恋爱。实际上，恋爱的过程是一个典型的双人动态博弈过程，其收益随着交往程度的加深和时间的推移有上升的趋势。所以，恋爱的过程也是一种蜈蚣博弈。

我们不妨来分析一下林黛玉和贾宝玉的"玉石情缘"。这两人为什么如此相爱却没有能够走到最后？在黛玉和宝玉的暧昧关系中，双方都有两个策略：一是继续交往，二是中断关系。他们恋爱博弈展开可以用图 12.3 来表示。

黛玉 ——交往——→ 宝玉 ——交往——→ …… ——→ 宝玉 ——交往——→ 黛玉 ——交往——→ 宝玉 ——交往——→ （10,10）

中断 ↓ 中断 ↓ 中断 ↓ 中断 ↓ 中断 ↓

（1,1）　　（0,3）　　……　　（7,10）　　（9,9）　　（8,11）

图 12.3　黛玉、宝玉博弈

从图 12.3 中我们可以看到，博弈从左到右进行，向右的箭头表示继续交往，向下的箭头表示两人中断关系。箭头所指向的一对数字代表他们选择对应策略的收益，其中左边数字为黛玉的，右边数字是宝玉的。我们可以看到，每次若他们选择继续交往的话，这对旷世情侣的总收益就会不断增加（爱情每成功进入下一轮博弈，感情应有所增加，即总收益增加 1）。

从图 12.3 中我们可以看到，在黛玉和宝玉刚刚开始发现对对方有好感的时候，黛玉如果率先选择中断两个人的感情，收益为（1，1），即两人各得 1 的收益；如果黛玉选择保持这份感情，这时轮到宝玉做出选择。宝玉如果选择离开黛玉，则黛玉收益为 0，宝玉收益为 3。这样一直进行下去，可以看到经历了每一轮博弈之后，双方都增加了对彼此的了解，两人相处也更加融洽，对彼此的感情与日俱增。直到最后贾母成全宝玉、黛玉的婚事，双方都得到 10 的圆满收益，总体收益最大。

遗憾的是宝玉、黛玉很难将他们的爱情进行到底。利用向前展望向后推理的方法，我们来分析一下便可发现，当双方进行到宝玉中断关系可获得 10 的收益时，若宝玉打

182

算继续交往，他的收益并不会再增加；相反，若是被黛玉甩了，其收益反而会减少。因此，宝玉很难将爱情继续下去。而对黛玉而言，她无论在哪一轮决定中断交往，都只能得到和宝玉一样的收益；但若是宝玉首先提出分手，她会因感到被宝玉欺骗而伤心不已，收益减少。所以，在每一轮博弈中，这两个人都有分手的动机。所以，从理性的角度来分析，能够达到最后的总收益最大的结局是很困难的。

然而，在现实生活中，走进婚姻殿堂的情侣数量，却并没有上面理性分析的结果所显示的那么令人绝望。理性其实只是人性的一面，人不可能只有理性而无感情，特别是在婚姻和恋爱中。所以，在现实生活中，深爱着的双方实际上都是在冒着被丢弃的风险继续前进，因而深深打动对方，于是对方因被爱而更爱。在这样的良性循环下将爱情进行到底，终成眷属。

12.3.3　被称为"扫地僧"小文院士的故事

国外的有老板也利用人的互利互惠情怀来促进雇员努力工作。具体的做法是付给雇员超过市价的工资，这样员工就会更加努力工作以回报其慷慨大方。再说若不努力，丢失这份别处很难找到同样薪水的工作，所以理智地讲也不会不努力工作。

这里有一个问题，就是应该对什么样的人好他们就努力回报？中国有句老话叫作"雪中送炭"。也就是要对那些特别需要的人好，收到的效果就会特别好。相反，做"锦上添花"的事，效果会差很远。北京师范大学有位中科院院士李小文，在网上被大家称为少林寺藏而不露的"扫地僧"。小文院士就特别明白"雪中送炭"和"锦上添花"的区别：贫困学生十分需要帮助，给贫困生很少一点钱但激励的作用很大，甚至改会变其一生；而百来万元给他这样级别的人则没太大感觉。故小文院士将从李嘉诚那里得到的 120 万元设置奖学金来帮助贫苦但仍专心努力做研究学生，以鼓励这些学生发扬互惠精神，把学习和工作做得更好。

12.4　人类推理能力的局限性

设想公司年末的嘉年华会上，司仪宣布公司年终资金 10 万元通过以下方式决定：公司里所有人分别提交 0 到 100 之间的一个整数，年终大奖将由数字最接近大家平均值 2/3 的同事获得（多于一人的情况由大家平分）。一个规则非常简单的游戏，却没有谁会有必胜的把握。这个游戏的理论均衡点是 0，显然当其余的人都选择 0 的时候，没有谁会选择别的数字。但这是不切实际的，毕竟总有那么一两个脑袋不灵光的或者故意搅局人的会选择 100 之类充满悲剧色彩的数字。

如果均衡不可靠，应该怎么推理呢？有的人的思路会是这样：假设所有人的估值都

博弈的哲学

是随机分布在 0 到 100 之间，那么最终均值将会是 50。这样的话，选择 50×2/3 也就是 33 就能赢得大奖。当然，事情不会这么简单，由于公司里的其他同事都会想到这个平均值应该变成了 33。于是也这样选择，那么，我就应该选 33×2/3，也就是 22。当然，事情也不会这么简单，大家肯定都想到选 22；那么，我就应该选 33×2/3=15。当然，事情不会这么简单……可以这样一直推下去，所以重点是你停在哪个参考点上面。这个思路有两个关键点，首先是迭代推理的起点，也就是最初的均值。那么，这个 50 的估值是否可靠？是否有什么因素影响这个均值，有的话相信你总会知道的（如公司的内部编号就是 23，或者有哪个大众情人的内部编号是 64 之类）。其次是迭代的次数。当然有些人会迭代多几次，而大部分人不会迭代太多。那么，平均下来大家会迭代多少次，这就是你能否参与最终竞逐的关键所在了。

学者 Ayala Arad 和 Ariel Rubinstein 在 2012 年发表的一篇文章[1]显示：80% 以上的人会在迭代三次之前停止推理。现在回到刚才的案例，也就是没有多少进行迭代的人会在 15 之上再进行一次迭代然后选择 10。这里面原因可能很复杂，如自己能力不够，或相信别人能力不够，或明明自己能力不够却装着相信别人能力不够，等等。总之，一般不出三步便会停止推理。

公司年终大奖的获得者可能只是加上点直觉，选个幸运数字，就赢得了大奖。

12.5 小　结

总的来说，实验博弈对博弈论模型关于是绝对理性的假设进行了修正，仿佛从理论博弈模型的黑盒子中打开了一个窗口，让我们看到了现实的世界。许多博弈论实验结果和理论分析是存在差别的，但却更真实地反映了现实生活中人们是如何作决策的。人们在决策的时候是相对理性而不是绝对理性，理性之外有更多因素左右着人们的决策。

实验博弈论的结论是：

（1）现实生活中人类是有限理性的，而不是绝对理性。

（2）现实生活中人们有合作的倾向，而不是非合作。

（3）现实生活中人们在决策时会受到人性中互利互惠的精神的影响，人们的动机不是完全自私自利的。

（4）现实生活中人们还会要求公平，有时甚至为了公平可以牺牲自身利益。

（5）现实生活中人们互相揣测对方及互相算计的推力能是有限的。

---

①Ayala Arad and Ariel Rubinstein. The 1120 money request game: A level-k reasoning study. The American Economic Review, 102 (7): 3561-3573, 2012.

184

第13章

零和博弈

博弈的分类根据不同的分类标准是有不同的分类结果的，博弈主要可以分为合作博弈和非合作的博弈，它们之间的区别在于博弈双方是否合作。在非合作博弈中，根据博弈者行动的先后顺序可进一步分类，分为静态博弈和动态博弈，或者根据信息是否完全分成完全信息博弈及不完全信息博弈。在非合作博弈中，根据博弈各方的收益总和是否为零，又可分为零和博弈和非零和博弈。零和博弈又称零和游戏，游戏者一方赢就是另一方就输，博弈中一方的收益意味着另一方的损失，整体利益不会增加，利益只是在博弈者之间转移。

最早的博弈论研究实际上是从零和博弈开始，这是冯·诺伊曼和奥斯卡·摩根斯特恩一起研究并提出来的。然而，现实世界中人类的许多真实活动不像零和博弈那样的简化。时代在进步，社会在发展，博弈思维同样在与时俱进，我们不能停留在可以把问题简单地视为你死我活的零和博弈上，我们应该走出零和游戏，去看看复杂生活中的多样游戏。那就是为什么当时零和博弈提出来后，并未引起研究者的兴趣，这也是今天基本上不研究零和博弈的原因。

为完整了解博弈论，在本书最后这一章我们简单讨论一下零和游戏。

13.1 德州扑克——扑克游戏中的凯迪拉克

大家对扑克应该都有一定熟悉感吧，几乎我们每个人都玩过扑克游戏，至少看到别人玩过。扑克游戏是有着悠久历史的有趣而复杂的游戏，扑克游戏可谓变化多样，是一种刺激享受的游戏。澳门一向有赌城、赌埠之称，与美国的蒙特卡罗、拉斯维加斯并称为世界三大赌城。同样，被称为"扑克游戏中的凯迪拉克"的德州扑克深受大家的喜爱。随着时间流转，迷你摄像头的发明，使得扑克大流行：从家庭娱乐到私人赌局、到公共赌场、到比赛、到在线游戏，最后到电视播放。因为这种摄像头能让人们在电视机前看到比赛中的底牌。这样，原本没多大兴趣的比赛变得极具吸引力，观众可以弄清楚玩家究竟在干什么、怎么在玩游戏。所以现在流行的并不是武侠小说中你死我活的生死对决，而是在棋牌桌上金钱实力的对决。

扑克游戏就是比较典型的零和游戏，无论哪一个人赢了钱，就会有其他人输了钱，他们之间的输赢总和是零。现在电视转播比较集中在扑克的其中一种形式上——无限德州扑克。下面我们通过了解一下德州扑克从侧面了解零和博弈。正所谓"知己知彼，百战不殆"。我们只有看透了零和博弈的博弈思维，才能跳出零和游戏的思维，才能继续向前行。

德州扑克是一种玩家对玩家的公共牌类游戏，可以两人对决，也可以多人参加。每个玩家有两张牌作为"底牌"，5 张由荷官陆续朝上发出的公共牌大家都看到。最后所

有留下的玩家用自己的 2 张底牌和 5 张公共牌结合在一起，选出 5 张牌，凑成最大的成牌，跟其他玩家比大小。谁的大，牌桌上下了注的筹码就全部归谁。写这章时笔者正好有在看一部电视剧，里面有很多精彩激烈的德州扑克赌博对决。其中令人比较激动的一次是：两男主角小达和小良一次下注 5000 万元，小良的底牌是一对 A，小达的底牌是一个 A 和一个 K。翻开底牌的时候，大家认为小良赢的机会是 80%，对小达根本没抱多少希望。当然，胜负还决定于那 5 张公共牌，荷官是一次给出了 3 张，其中 2 张是 K，1 张是 A。在这紧张时候，这样的牌几乎已经决定胜负了，小达赢的机会只有百分之几。大家对剩下两张公共牌都没有了多大兴趣，这是要放弃的节奏。第四张牌是一个 J，对输赢没有多大影响，小达要想赢得那 5000 万元的唯一机会是第五张牌是 K。已经出现了 3 个 K，能在这一局中出现第四张 K 吗？会出现这样的小概率事件吗？小达都不敢直视了，小良则沉浸在喜悦之中，以为自己完全是赢定了。可奇迹就出现在荷官翻开第五张牌的那瞬间，竟然出现的真的是 K。小达一下形势逆转，由可能输 5000 万一下赢得了对方的 5000 万元。旁观者们惊呆了，小良更是傻眼了。这就是德州扑克的精华所在，在你绝望的时候能给你惊喜，也能在你充满希望的时候给你狠狠一击。这场激动人心、博人眼球的德州扑克游戏中，小达赢了 5000 万元，收益是 5000，小良输了 5000 万元，收益是 -5000，他们的总和是零。

　　要不想输钱，必须得赢钱、让对方输钱。我们把这样的博弈称为"零和博弈"，零和博弈就这样潜伏在我们的身边。A、B 两人对决时，如果赢的玩家赢了多少钱，那么输的玩家就输了多少钱，这是对等的。其结果无非就 3 种：A 赢 B 输，A 输 B 赢，A、B 打成平手。最后一种情况是双方既没有赢钱也没有输钱，双方的利益总和仍然是零。在零和博弈中，我们不需要同时知道双方的利益就可以知道博弈的结果。如果我们知道 A 赢了，那么 B 必然是输了，反过来也一样。当然，在这二人对决的博弈中，是不涉及第三方利益的。如果当牌局外有第三方在时，这博弈是可以从零和博弈转换成其他博弈的。世界扑克系列赛是所有的扑克锦标赛中一项最权威、最受尊重的赛事。在锦标赛中获胜者赢得是举办方的奖金，而不是对手的利益，同样输的一方没有利益损失。这时的博弈不是参赛者们之间的零和博弈，一方的所得并不是另一方的损失。但如果把举办方拉入博弈中，这博弈依然是零和博弈。扑克俱乐部里面玩的又不太一样，俱乐部对赌注总额会收取一个固定比率的费用，比如说是 1%，这扑克游戏将是玩家之间的负和游戏，玩家们之间输赢的总和是小于零的，因为俱乐部会拿走一部分。同样，如果把俱乐部当作这场博弈中的背后玩家，这博弈还是零和博弈，所有人的利益总和是零，有人赢就有人输；自己的快乐是建立在别人的痛苦之上的，二者的大小完全相等。

　　零和博弈中博弈者的利益冲突是最大的，博弈结果是一方压倒另一方，因此双方都会用尽一切办法来"损人利己"。这个时候真的是"人不为己，天诛地灭"，零和博弈带给我们的博弈思维中就有这样的道理。

13.2　最小最大方法

在二人零和博弈中，一方的所得就是另一方的所失，只要知道其中一人的收益，也就知道了另一人的收益。所以，我们在分析求解二人零和博弈的纯策略纳什均衡时，只需要根据其中一个博弈参与者的收益矩阵，就可以得出纳什均衡点，如果该二人零和博弈有纳什均衡解的话。下面我们来简单介绍一下其中的一种寻求二人零和博弈纳什均衡的方法，该方法是由冯·诺伊曼提出来的称为最小最大方法。它是最大最小－最小最大方法的简称。这种方法的基本思想是：博弈者在进行零和博弈时，不会对自己取得好的结果的机会持有"乐观"态度，换句话说，对自己会取得好结果的机会抱有"悲观"态度。正如我们经常所说的，以最好的准备来接受最差的结果这样的心态。博弈者作为博弈局中人，他总是想选择能够让他的收益达到最大的策略。但我们不能忽略一点，你收益最大的策略是让你对手收益最小的策略。当你选择让你收益最大的策略时，你的对手是不会选择你那个让他自己收益最小的策略的。他同样和你有一样的想法，总会想选择让自己收益最大的策略。这样博弈者们总是在纠结着，似乎找不到一个解。那么，在这种情况下，博弈者应当如何选择呢？

我们下面来举一个具体的例子，让我们更加清楚地明白最小最大方法是怎样应用的。我们假设一个教授和一个学生在进行一场二人零和博弈，收益矩阵中给出的是教授的收益情况，如图 13.1 所示。

学生

		M	N
教授	L	−5	3
	W	8	6

图 13.1　二人零和博弈

在分析图 13.1 时，我们站在教授的角度来看，教授当然是希望博弈的结果尽可能地出现在收益最大的格子中，而学生是希望博弈的结果尽可能偏向教授收益最小的那个格子中。根据之前谈到的"悲观"态度，不管教授选择什么策略，学生总是会选择教授所选择的策略中能使教授的收益最小的那个策略，从而使自己得到更好的结果。在这里，如果教授选择 L 策略，学生是会选择 M 策略的，那么，教授可能会得到最小的收益是 −5；如果教授选择的是 W 策略，学生是会选择 N 策略的，那么教授他可能得到的最小收益是 6。从中我们可以看出，教授应该选择可能获得的最小收益中的最大的那个，即选择每行"最小"中的那个"最大"的，英文单词就是 maximin，所以教授的

maximin =6。同样，学生也会认为教授会选择他所能选择的每列策略中那个使教授自己的收益最大的策略，从而使学生收益最小的那个策略。在这里，如果学生选择 M 策略，教授会选择 W 策略，那么教授他可能获得的最大收益是 8，学生可能获得的最小收益是 -8，它们的和为 0；如果学生选择 N 策略，教授会选择 W 策略，那么教授可能获得的最大收益是 6，学生可能获得的最小收益是 -6，它们的和为 0。现在我们是在分析教授的收益矩阵，所以我们可以看出学生应该选择教授可能获得的最大收益中的最小的那个，即选择每列"最大"中的那个"最小"的，英文单词是 minimax，所以学生的 minimax =6。

当教授的 maximin 和学生的 minimax 相等或者是出现在同一个格子中时，教授的 maximin 策略和学生的 minimax 策略互为对方的最佳反应，所得的博弈结果就是该博弈的纯策略纳什均衡点。这就是采用最大最小 - 最小最大的方法来寻求二人零和博弈的纯策略纳什均衡解的过程。本例中应用最小最大方法得出他们的纯策略纳什均衡点是（W、N），即教授选择 W 策略，学生选择 L 策略，结果是教授获得的收益为 6，学生获得的收益是 -6。

需要注意的是，多人零和博弈同样可以采用最小最大方法来找出博弈的纯策略纳什均衡。同时，我们还需注意最小最大方法和相对优势下划线法都是寻找同时行动博弈的纯策略纳什均衡的方法，但两者相对比，最小最大方法的适用范围要更窄一些，最小最大方法只适用于寻找零和博弈中的纯策略纳什均衡。对于非零和博弈，最小最大方法就有点束手无策了。因为在非零和博弈中，博弈者之间的利益不是完全冲突的，有时还会存在共同利益。所以，一个博弈者的最大收益并不代表另一个博弈者的最小收益，没有这种对应关系。

13.3　走出零和思维

通过前面所述的德州扑克，大家对零和博弈肯定有所了解了。可我们要知道，了解零和博弈的目的不仅仅是知道零和博弈是什么，更重要的是要知道它有什么局限，我们要怎么对待它。现实生活中的很多事，展现给我们面前的不都是残酷的竞争及你死我活的零和博弈，也不一定是要损人才能利己的。《美丽心灵》这部关于纳什均衡的电影是博弈论中的影视经典，里面很多情节涉及了博弈思维。其中一个情节大概是这样的：在一个炎热的下午，纳什教授给学生上课，教室外面有几个工人在施工。工人施工的噪声让纳什教授受不了，于是他把窗户给关了。在门窗紧闭的没有空调的教室里，有学生提出了意见，希望教授别关窗户，因为实在太热了。在这里，教授和学生想的不一样：教授想要关窗来保持教室安静，学生想要开窗来散热而使自己凉快点。该博弈的收益矩阵如图 13.2 所示。

学生

		开窗	关窗
教授	开窗	−1, 1	0, 0
	关窗	0, 0	1, −1

图 13.2 开窗博弈

开窗和关窗是不可能同时满足教授和学生要求的，双方的收益为 0。当学生服从教授关窗，教室保持了安静，教授达到了目的，收益为 1；而同学们需要忍受教室内的高温，收益为 −1。当教授听了学生的建议开窗，教授忍受着噪音无法正常讲课，收益为 −1；因开窗教室变得凉快了，同学们感到舒服了，收益为 1。由此可见，不管是开窗还是关窗，教授和学生的收益总和为 0。这是典型的零和博弈模型，教授的所得是同学们的所失，教授的所失是同学们的所得，他们的利益对抗程度达到了最高。然而，正当教授在黑板上默默写着公式的时候，一位叫阿丽莎的女学生走到了窗边，打开窗子对工人说了一下教室现在的情况，希望工人们可以晚点再来施工，先去其他地方施工。这样，阿丽莎解决了教授和学生之间的利益冲突。

另外一个走出零和或者免博弈的例子是：在本书第一作者的研究组里，导师是鼓励博士生提前毕业的，但要求其比正常毕业或迟毕业者要高。一些博士生导师喜欢让学生迟毕业，这样可帮导师多做工作，但又不能提供博士生正常工资，有点损人利己的意思。若让学生提前毕业又不要求工作做得更好，对导师而言就是有点损己利人的意思了。若让学生早毕业的条件是其工作比正常毕业或迟毕业的学生工作更好，对双方来说就是利人利己。

与零和博弈相对应的是非零和博弈，当我们陷入零和博弈时，我们是无可奈何的，但我们可以做的是，跳出零和博弈，借助外力，把零和博弈转换成非零和博弈来，这样就可以解决零和博弈带给人们的无奈。所以看似你死我活的零和博弈，看似无法调和的矛盾，也会有解决方案的。我们需要的是用长远一点的眼光和宽泛一点的视野，不要把自己陷入在零和博弈之中，不要把自己局限在零和思维之中。便走出零和思维。具体地说，我们应该保持开放心态，思考一下是否还有其他可能的策略，这样的策略不仅不会导致你死我活的结果，还会是双赢的结果，就如阿丽莎想的办法那样，利己不一定非得损人。"双赢"才是生活中的主导趋势，我们追求的应该是"双赢"博弈，而不是零和博弈。

13.4 生活的启发

很多时候我们进入到了一个零和博弈情形之中：我们有生活的无奈，我们有身不由己的苦衷，自己陷入了进退两难的境地。零和博弈在我们身边是到处存在的，我们无法忽视它的存在。但是我们在生活中，我们的思维不能被零和思维给束缚，不能被其所影响，我们要跳出零和博弈，站在一个全局的视角来审视零和博弈。

我们都是人类中那么一个渺小的普通人，但不可忘记的是我们都是社会人，不是单独的个体，所以零和博弈同样可能发生在我们这些平凡人的身边。不管你有没有发现，零和博弈就在这里或那里存在着。赌场上的零和博弈是这样显而易见地存在着：赌博有时让人家破人亡，赌博有时让人生命难保。有多少人因为赌博而葬送了自己的美好人生，可这些究竟得找谁负责呢？有人肯定会指责赌场老板：是老板开一个赌场，都是他的错。可责任真的是该赌场老板全部负责吗？事实上，那些因赌博家破人亡，因赌博葬送人生的人也要为自己的行为负责。赌博这是一个零和博弈，一些人的快乐需要建立在别的一些人的痛苦之上，反过来，别人的快乐也需建立在我们的痛苦之上。赌场里不会出现所有的人都是赢家的情况，只要有赢家，一定会有输家为其买单。如果你进入赌场去赌博，是把自己困在那零和博弈中的，那么你就要有承担输的风险。

我们在看待零和博弈时，要看到的不仅仅是零和博弈中的博弈者的收益，还需要看到与其相关联的博弈。零和博弈不是单一的，当你跳出零和博弈的框架将会看到不一样的博弈。"双赢"博弈在我们生活更是随处可见，我们生活中需要的不是你死我活、损人利己的零和思维，需要的"双赢"思想。在非零和博弈中，博弈者之间既有对抗又有合作，博弈者之间的利益不是完全对立的，博弈者之间是很有可能存在一些共同的利益，这也就蕴含着博弈者可以"双赢"或者"多赢"。我们可以通过对零和博弈的巧妙改造，使之转为正和博弈，正如《美丽心灵》中的纳什教授所说："多变性的微积分中，往往一个难题会有多种解答。"零和博弈对于研究人类之间的相互作用方面是有一定缺陷的，我们生活中遇到的情况远比零和博弈复杂。我们要走出零和思维、跨越过零和思维，去了解我们生活中的更多的非零和博弈，找到有利于大家的博弈而共同进步。

参 考 文 献

［1］王永春．赢得轻松的博弈法则［M］．香港：三联书店（香港）有限公司，2010

［2］董志强．身边的博弈论［M］．北京：机械工业出版社，2009

［3］（美）罗杰 A. 麦凯恩．博弈论战略分析入门［M］．原毅军，陈艳莹，张国峰，等译．北京：机械工业出版社，2009

［4］（美）阿维纳什 K. 迪科斯特，巴里 J. 奈尔伯夫．妙趣横生博弈论——事业与人生的成功之道［M］．董志强，王尔山，李文霞，译．北京：机械工业出版社，2013

［5］姚文韵．美国"重复的囚徒困境"实验对上市公司诚信危机的启示［J］．科技管理研究，2006

［6］范如国．博弈论［M］．武汉：武汉大学出版社，2011

［7］张维迎．博弈论和信息经济学［M］．上海：上海三联书店，1996

［8］谢炽予．经济博弈论［M］．上海：复旦大学出版社，2001

［9］柯庆华，闫静怡．博弈论导引及其应用［M］．北京：中国政法大学出版社，1997

［10］王则柯．博弈论平话［M］．北京：中信出版社，2003

［11］詹姆斯 D. 米勒．活学活用博弈论［M］．戴至中，译，北京：机械工业出版社，2011

［12］张维迎．博弈与社会［M］．北京：北京大学出版社，2013

［13］白波．有趣的博弈论［M］．台北：德威国际文化事业有限公司，2010

［14］王则柯，李杰．博弈论教程［M］．北京：中国人民大学出版社，2010

［15］小约瑟夫·哈林顿．哈林顿博弈论［M］．韩玲，李强，译．北京：中国人民大学出版社，2012

［16］董志强．无知的博弈［M］．北京：机械工业出版社，2009

［17］翟文明，高理铖．左手厚黑学右手博弈论大全集［M］．北京：中国华侨出版社，2010